你一定也做得到！

我家餐桌的
法國料理

Atelier [igrek]
烹飪教室負責人／塚本有紀
攝影／宮田昌彥

瑞昇文化

Véronique MAUCLERC
BOULANGERIE
PAIN A BASE DE FARINE BIO
AU LEVAIN NATUREL
CUIT AU FOUR à Bois
PATISSERIE
SALON DE THÉ

前言

法國料理、甜點的鮮美滋味與唯美外觀深深吸引著我長達20年以上。當初前往巴黎學習製菓的同時也「順便」學做法國料理，完全沒想到我竟然就這樣深陷其中，深深陷在美味食物的世界裡，再也無法脫困。

哇啊，好吃極了！每次邂逅好滋味，我都興奮得好想知道該怎麼做。而當我學會如何製作那個當時以戒慎恐懼心情巴望著的料理或甜點時，那真的是一種無與倫比的喜悅。直到現在，我依然不時會想起那一天的興奮之情。

現在，我在烹飪教室教大家製作法國料理時，心裡所想的就是希望能夠讓眼前的人發出「哇啊！」的驚嘆聲。如果大家多少能像當時的自己一樣得到「好好吃！好開心！」的滿足感，我會備感榮幸。在開設烹飪教室的這段期間，透過無數次的失敗與成功經驗，我也終於逐漸掌握到製作料理的小「訣竅」與陷阱。

在這本書中，我將是您的引導員！現在就在我的協助下，安心地在家嘗試挑戰法國料理吧。您一定做得到！

基本上，法國料理由前菜、主菜和甜點三道佳餚組成。在家享用法國料理也是一樣的。本書如同正統法國料理，由餐前酒開始，然後依序擺上三道佳餚。但大家也可以稍微改變一下，任何一道菜餚都可以製作大分量，成為派對料理中的一品；也可以不分順序同時上桌，讓大家像自助式美食般取用。各位讀者可以視情況自行搭配組合。

接下來，就讓我們一起來挑戰！買個麵包和葡萄酒，回家著手進行吧！

Atelier [igrek] 　塚本　有紀

CONTENTS

APÉRITIFS

來一杯餐前酒吧！… 17

ENTRÉES

前菜，豐盛餐宴的第一道入口… 37

PLATS

主菜是正餐的主角，
心滿意足地慢慢享用…59

DESSERTS

完美的結尾，
少不了甜點…77

HERBE

香草植物

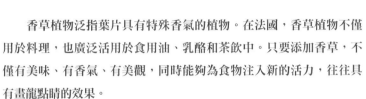

香草植物泛指葉片具有特殊香氣的植物。在法國，香草植物不僅用於料理，也廣泛活用於食用油、乳酪和茶飲中。只要添加香草，不僅有美味、有香氣、有美觀，同時能夠為食物注入新的活力，往往具有畫龍點睛的效果。

急用的時候，其實不使用香草植物也無妨，但適度添加一些能夠讓味覺世界更豐富寬廣。

除此之外，搗碎香草，添加在蔬果泥、醬汁裡，或者以香草植物直接烹調成沙拉，在料理世界裡，香草植物是非常重要的食材之一。

ÉPICE

辛香料

10

辛香料泛指一些用於料理中，可增添食物香氣、辛辣味，或者消除食材腥臭味的植物總稱，包含種子、果實、葉、莖（即香草植物也是辛香料的一種）、花朵、花蕾、根、樹皮等種類。歐洲地區原本只有香草植物，但自古埃及、古羅馬時代起，經由伊斯蘭文化圈、東南亞、新大陸等世界各地傳入許許多多不同的辛香料。

本書也會使用大量辛香料，但大家可依個人喜好自行選用。努力嘗試與挑戰，創作出屬於自己的美味食譜。

烹 調 方 式

本書食譜中會陸續出現以下各種專門用語，只要熟記這些訣竅，您就能烹調出美味法國料理。

MARINER
醃泡

　　將調味蔬菜、香料等浸泡在葡萄酒中製成醃汁，於烹調前事先將食材浸泡於醃汁中。食材經醃泡後，①可以烹煮得更軟嫩、②更香更入味、③更有利於保存（P48尼斯風沙拉、手作油封鮪魚）。硬梆梆的肉，只要先浸泡在葡萄酒裡，同樣可以烹煮得軟嫩順口（P74紅酒燉牛肉 等）。

　　「MARINER」這個詞源自拉丁語「mare」（海洋），指的是浸漬在海水裡的意思。針對肉類、魚類、蔬菜，使用「mariner」這個詞；針對水果則使用「macérer」這詞彙（P78草莓佐香檳酒）。

SUER
炒出汁、炒香

　　「SUER」原本是流汗的意思，用於料理方面指的是用小火慢慢炒，將食材的水分像流汗般逼出來。

　　要炒得美味多汁，訣竅在於①食材要撒鹽、②以小火慢慢炒，這樣才能炒出食材美味、逼出水分。使用厚底鍋時無須頻繁攪拌。

　　用這種方式蒸炒洋蔥或紅蔥頭可作為底醬，或者直接作為餡料使用（P68法式煨高麗菜肉捲 等）。

ARROSER
澆淋

　　將料理過程中使用或產生的相關液體（肉汁、煮汁、油類等）澆淋在烹煮的食物上。多澆淋幾次能使食物看起來更有光澤，口感也會更加滑嫩順口（P75香煎牛後腿排、P85蜂蜜烤鳳梨佐香草冰淇淋 等）。

DÉGLACER
溶釋精華

　　將液體（葡萄酒、水、水果醋等）倒入（已取出加熱食材的）熱鍋裡，使形成於鍋底的焦香精華溶釋於汁液裡。當聽到咻──的聲音伴隨揚起的水蒸氣時，誘人的濃郁香氣頓時四溢（P64法式奶油燉雞等）。

　　將美味精華的汁液加入醬汁或煮汁裡，連焦渣也徹底使用，絲毫不浪費。

　　進行前建議先用紙巾吸附鍋裡多餘油脂。

MONTER AU BEURRE
乳化技術

　　這是一種在醬汁裡加奶油的烹調手法。具體作法為將冷藏過的小塊奶油放進醬汁裡，用攪拌器充分拌勻使其乳化。必須注意的是奶油要在剛從冰箱冷藏取出的狀態，並使用攪拌器。這樣做會跟使用融解奶油混合醬汁的結果不同。醬汁能更顯光澤且黏稠，並增添濃郁風味。（P75香煎牛後腿排）。

GLACER
晶面處理

　　讓食物呈現光澤的烹調手法。將紅蘿蔔、白蘿蔔、蕪菁等放入已融入奶油和砂糖的水中熬煮，使食物表面包覆一層晶亮色澤（P68迷你法式燜高麗菜捲 等）。

　　另一方面，糖漬栗子（marron glacé）中的「glacé」則是源自「裹糖衣」的意思。

SAUTER
煎炒

「SAUTER」原本是以腳蹬地，往上跳的意思。從食材在高溫鍋子裡翻飛的樣子引申而來。

之後泛指以大火煎炒切小塊的食材，為避免燒焦而邊炒邊搖動鍋子的烹調手法（P43法式奶油燴野菇、P44普羅旺斯燉菜）。

POÊLER
燜煎

「POÊLER」這個字通常就是指用平底鍋煎的意思。烹調過程中一邊澆淋（P12），一邊煮熟食材（P60燜煎花鱸 等）。

BRAISER
煨

就是蒸煮的手法，先在鍋裡注入少量水（淹過食材的一半就好），加入調味蔬菜後蓋上鍋蓋，並放入烤箱裡加熱蒸煮。經過調理的肉會更香、更軟嫩（P68法式煨高麗菜肉捲、P73法式煨豬肉佐芥末籽醬）。

RÔTIR
燒烤

「RÔTIR」即英文的Roast，也就是將食材置於烤箱裡加熱烘烤的意思。烤出來的食物柔軟又多汁。

只需設定好溫度與時間，就可以輕鬆等上桌。另外還有一個優點，就是幾乎不太會失敗。

PURÉE
打泥

煮熟後將食材以過濾網過篩或以調理機打成泥。大多用來處理蔬菜和水果，但偶爾也用於肉類和魚類（P39烤蔬菜沙拉佐番茄凍、P70蜜汁烤豬肋排 等）。

CONFIT
油封

用於鴨肉，稱為油封；用於柳橙，則稱為糖漬。處理肉類時，將肉泡在肉類本身的油脂中（鴨用鴨油；豬用豬油），以低溫小火慢慢煮到肉質呈纖維狀的一種烹調手法，源自法國保存食物的方法。處理水果時，則是將水果浸漬在糖度高的糖漿裡，去除果肉中多餘的水分。

「CONFIT」源自「confire（醃漬）」這個詞，無論油封或糖漬，其共通的關鍵都在於「保存」。此外「confiture（果醬）」也是同樣來自這個語源。

除肉類、水果外，油封手法也可以應用在魚類（P48尼斯風沙拉、手作油封鮪魚）、蔬菜（P47雞肉番茄佐古斯米沙拉）上。

QUENELLE
橢圓塑型

源自德文「knödel」，一種將肉漿、蛋等拌勻後，用雙手、湯匙或擠花袋將食材塑造成橢圓形，水煮後再用烤箱烤過的料理。

如果用這種手法處理冰淇淋或慕斯等食材，通常會用兩支湯匙交互舀起食材，塑造成像橄欖球的形狀，而這種獨特的形狀也稱為「QUENELLE」（P86紅色水果奶酥佐香草冰淇淋 等）。

PETIT SALÉ
鹽漬豬肉

指的是用鹽醃漬切塊豬肉（五花肉、肩胛肉等），通常在法國的肉店都買得到現成的鹽漬豬肉。

蔬菜燉肉（P71）和法式燉扁豆鹽漬豬肉（P72）等料理常會使用鹽漬豬肉。雖然日本沒販售現成品，但鹽漬方法其實很簡單，請大家一定要在家嘗試看看。

APÉRITIFS

來一杯餐前酒吧！

法國人習慣於餐前先來一杯餐前酒（apéritif）。不僅讓人期待接下來的主餐，更具有促進食慾和炒熱氣氛的功效。

不知從何時起，就連烹飪教室的試吃時間也都會從餐前酒和開胃菜（amuse-bouche）拉開序曲。讓已經空腹好一陣子的人、有點緊張的人，能夠立即獲得舒緩，沉浸在愉快的氛圍裡。

餐前酒可買市售的酒品回來搭配，但稍微花點巧思DIY，不僅喝起來愉快，更能將「歡迎光臨」的溫暖心意傳達給前來家裡作客的親朋好友。

Hypocras
肉桂滋補酒

這是由古希臘希波克拉底醫師的處方構想而來，在葡萄酒裡加入香料的藥酒。原型大約始於中世紀。浸泡後第3天起會散發出陣陣誘人香氣。

材料（短飲杯8～10杯分量）

白葡萄酒　1/2瓶（375㎖）
蜂蜜　1大匙又1/2小匙（25g）
丁香　1個
肉桂棒　1/2枝
八角　1個
香草莢　1/2枝

製作方法

1　所有材料放進白葡萄酒裡，靜置冰箱冷藏室1星期左右。

Limonade basque
巴斯克風檸檬酒

所謂Limonade，指的是加了檸檬調製而成的飲料。據說是義大利的軟性飲料達人於16世紀帶入法國。冰涼的檸檬水非常適合作為夏季的餐前酒。

材料（短飲杯
8～10杯分量）

紅葡萄酒　150㎖
白葡萄酒　250㎖
檸檬汁　2又2/3大匙（40㎖）
精白砂糖　2又1/2大匙（30g）
檸檬與萊姆切片　共5～6片

製作方法

1　將葡萄酒、檸檬汁、精白砂糖混合拌勻。

2　柑橘類切片擺在飲品上方，置於冰箱冷藏室冰鎮數小時。

＊只有白葡萄酒也可以。
＊柑橘類切片泡在葡萄酒中半天以上的話，會逐漸出現澀味，請在過程中取出。
＊請依個人口味增減砂糖量來調和葡萄酒的澀味與酸味。

Sangria
桑格莉亞紅酒

這是橫跨法國與西班牙的巴斯克地區的
夏季餐前酒。通常會使用紅葡萄酒搭配
柑橘類水果，但配上草莓或白桃也十分
清新爽口！

材料（玻璃杯8杯分量）

紅葡萄酒（烈酒） 1瓶
精白砂糖 4大匙又
　1/2小匙（50 g）
a
　肉桂粉、胡椒 各適量
　香草莢 1/2枝
　丁香 1個
　柳橙 1顆

蘋果 1/2顆
檸檬汁 少許
草莓 10顆
蘭姆酒 2又2/3大匙
　（40㎖）

製作方法

1 將精白砂糖和材料a倒入紅葡萄酒裡，用攪拌器充
　分攪拌以溶解砂糖。

2 草莓對半切、柳橙切片約7～8㎜厚、蘋果削皮去
　核，切片約7～8㎜厚，用檸檬汁泡一下防止變黑。
　接著將這些材料全倒入1中混合拌勻。

3 靜置於冰箱冷藏室半天左右。

4 依個人喜好添加蘭姆酒。最後用砂糖調味（分量
　外）。

＊添加蘭姆酒時，我個人偏好以冰塊稀釋，不加蘭姆
　酒的話，爽口的氣泡水也是不錯的選擇。

Sangria blanche
桑格莉亞白酒

「Sangria」這個詞源自西班牙語sangre
（血），因此通常都會以紅葡萄酒調
製。不過，紅白各來一杯，肯定會有雙
重享受。

材料（玻璃杯5杯分量）

白葡萄酒 1/2瓶（375㎖）
葡萄柚汁 1/2顆分量（100㎖）
精白砂糖 4大匙又1/2小匙（50 g）
a
　丁香 1個
　小荳蔻 1個
鳳梨 約1/4顆分量（150 g）
香蕉 1小根
葡萄柚 1/2顆
萊姆 1/4顆
柑曼怡香橙干邑甜酒 2大匙（30㎖）

製作方法

1 葡萄柚汁、精白砂糖和材料a倒入白葡萄酒裡，使
　用攪拌器充分混合拌勻以溶解砂糖。

2 鳳梨削皮切塊、香蕉切圓片、葡萄柚切瓣後倒入1
　裡面。再將7～8㎜厚的切片萊姆置於飲品上方。

3 輕輕上下搖晃均勻，靜置於冰箱冷藏室半天左右。

4 依個人喜好添加柑曼怡香橙干邑甜酒。

Ginger ale

薑汁汽水餐前酒

先製作生薑糖漿，再加入碳酸飲料調製而成。
美麗色彩肯定令大家發出「哇啊——」的驚嘆
聲。使用新鮮生薑調製，顏色更豔麗。

材料（短飲杯20杯分量）

生薑　100 g
水　120㎖
精白砂糖　約9大匙（約100 g）
檸檬汁　1又1/3大匙（20㎖）
氣泡酒（辣口）或氣泡水　適量

＊隨意將葡萄酒一口氣注入糖漿裡的話，會因混濁而無
　法呈現美麗的漸層顏色。動作務必輕柔。
＊糖漿溫熱時即注入葡萄酒的話，難以呈現如照片中的
　漸層顏色。務必冷卻後再注入。

製作方法

1　生薑削皮備用。使用新鮮生薑只需輕輕刮除表皮即
　可。

2　切塊後加水，使用食物調理機打成泥。或是使用磨
　泥器。

3　倒入小鍋裡加熱，沸騰後轉小火，蓋上鍋蓋燜20分
　鐘左右。不時攪拌一下避免燒焦。

4　濾網過篩後量測水量。＊約130～140 g。

5　取汁液重量80％的砂糖加入，稍微加熱一下讓砂
　糖溶解。

6　熄火後加入檸檬汁。降溫後置於冰箱冷藏室裡充分
　冷卻。

7　將6注入玻璃杯裡，接著順著內側杯壁緩緩倒入氣
　泡酒，最後擺上幾顆冰塊。糖漿與氣泡酒的比例約
　1：3。

Vin chaud et vin blanc chaud

紅白香料熱酒

人手一杯Vin chaud（香料熱酒）是法國阿爾薩斯地區冬季的特別風景。走在聖誕市集裡，只要喝一杯香料熱酒就能立刻讓身體暖呼呼。基本上以紅葡萄酒調製，但白葡萄酒的香料熱酒同樣美味順口！

材料（玻璃杯3杯分量）

紅葡萄酒（或白葡萄酒）　1/2瓶（375㎖）
精白砂糖　約3大匙
肉桂棒　1/2枝
八角　1個
丁香　1個
肉豆蔻　1撮
檸檬皮　1/3顆分量
柳橙皮　1/2顆分量

製作方法

1　所有材料放入鍋裡加熱。
2　沸騰後改為小火煮3〜5分鐘。熄火蓋上鍋蓋，靜置於火爐上。
3　過篩後重新加熱，以水和砂糖（分量外）調整味道，然後注入事先溫熱好的玻璃杯中。
4　最後擺上切瓣柳橙或萊姆（分量外）。

＊使用酒精濃度高的紅葡萄酒時，請加水稍微稀釋一下並多加點糖。

Jus d'orange chaud

熱橙汁

同樣是聖誕市集裡的熱門飲品。由於不加任何酒精，小孩可一同享用。如要作為餐前酒，可稍微加些酒。

材料（短飲杯8〜10杯分量）

柳橙汁（100％）　350㎖
水　2又2/3大匙（40㎖）
精白砂糖　2又1/3大匙（28ｇ）
肉桂棒　1枝
八角　1個
丁香　1個
黑胡椒　少許
檸檬皮　1/2顆分量
柳橙皮　2/3顆分量
柑曼怡香橙干邑甜酒　2又2/3大匙（40㎖）
＊其他柑橘系列的利口酒也可以

製作方法

1　將柑曼怡香橙干邑甜酒以外的材料倒入鍋裡加熱。
2　沸騰後改為小火煮3〜5分鐘。熄火蓋上鍋蓋，靜置於火爐上。
3　過篩後加入柑曼怡香橙干邑甜酒重新加熱，最後注入事先溫熱好的玻璃杯中。

＊偏好濃郁口味的人，可用手剝開肉桂棒和八角後放進鍋裡。

Pommes de terre rissolées

鹽煎馬鈴薯

日本也有越來越多不同品種的馬鈴薯問世。這道菜適合使用小顆的當季馬鈴薯，或是晚秋的源平芋這種品種也非常適合。這道菜一端上桌，搭配的不是葡萄酒，當然要來一杯美味的啤酒！

材料（2人份）

當季新鮮馬鈴薯（小）　300 g
植物油　適量
奶油　8～10 g 左右
鯷魚　3尾　＊鯷魚醬的話，約1/2大匙
香芹（切末）　1大匙
鹽、黑胡椒（研磨）　各適量

＊鹽煎馬鈴薯美味的關鍵是奶油使用量。奶油用量稍微多一些，馬鈴薯看起來會比較飽滿。
＊馬鈴薯較大時，對半切能讓味道滲透進去，鹽煎完會比較美味。
＊圖片中的馬鈴薯是一種名為 Ratte du Touquet 的品種。

製作方法

1　馬鈴薯洗乾淨，連皮用鹽水汆燙。約9成熟後，取出置於濾網中放涼。
2　用菜刀將鯷魚切細並充分拍碎。
3　植物油倒入平底鍋裡加熱，以小火慢煎馬鈴薯。以滾動方式讓馬鈴薯均勻受熱。
4　熄火後用廚房紙巾吸附多餘油脂，然後加入奶油。
5　鯷魚和香芹也一起倒入鍋裡，整體混合均勻後撒上黑胡椒。

Omelette aux Pommes de terre
馬鈴薯烘蛋

使用綜合香草「Herbes de Provence」（普羅旺斯綜合香草），試著做出普羅旺斯風的烘蛋吧。改用容易購買的香草植物、羅勒、香芹也可以。

材料（1個小平底鍋分量）

馬鈴薯　250g（淨重）
彩椒（紅＋黃）共40g
大蒜（切末）1大匙
蛋　8顆
鹽　2/3小匙
普羅旺斯綜合香草（百里香、月桂葉、迷迭香、羅勒等）2撮
橄欖油　適量

製作方法

1　馬鈴薯洗淨削皮，切片約7～8mm厚。以加鹽熱水汆燙5分鐘左右，取出置於濾網中瀝乾。
＊鹽巴使用量是關鍵（試一下味道，原則是稍微帶點鹹味）

2　黃椒、紅椒切丁約5mm大，以鹽水稍微汆燙一下。

3　蛋打散後加入鹽和綜合香草混合拌勻。

4　加熱平底鍋，轉小火後倒入橄欖油，大蒜末倒進去爆香。
＊因為是法國料理，無須將大蒜炒至上色。

5　倒入蛋液，撒上馬鈴薯和彩椒。周圍開始凝固時，用鍋鏟輕鏟一下，蓋上鍋蓋以小火燜煮，或者放進預熱180℃的烤箱裡。

6　大約15分鐘後，當中央部位也開始凝固時，用鍋蓋幫忙上下翻面。

Omelette à la ratatouille
普羅旺斯燉菜烘蛋

普羅旺斯燉菜沒吃完時怎麼辦？務必嘗試一下這道普羅旺斯燉菜烘蛋喔！

材料（1個小平底鍋分量）

普羅旺斯燉菜（參照P44）　　蛋　7顆
350～400g　　　　　　　　　鹽　1/2小匙
　　　　　　　　　　　　　　橄欖油　適量

製作方法

1　普羅旺斯燉菜出汁過於溼潤時，再燉煮一下讓湯汁稍微收乾。

2　將蛋打散在調理碗裡，加鹽調味。

3　加熱平底鍋，讓橄欖油均勻遍布後將蛋液倒進鍋裡。

4　用湯匙將普羅旺斯燉菜鋪在蛋液上，中間部位不要鋪。

5　周圍開始凝固時，用鍋鏟稍微鏟一下，蓋上鍋蓋以小火燜煮，或者放進預熱180℃的烤箱裡。

6　大約15分鐘後，中央部位也開始凝固時，用鍋蓋幫忙上下翻面。

＊製作烘蛋時，鹽巴用量大約是雞蛋重量的0.8～0.9%。

Petits fours salés

小鹹餅

使用冷凍派皮就能簡單製作的小點心。因
具有容易膨脹的特性，務必將派皮擀薄後
再使用。烤太久導致顏色過深時，口味會
偏苦，務必控制好烘烤時間，稍微上色即
可。最後再將小鹹餅插在裝滿鹽巴的馬克
杯裡就大功完成了。

鯷魚口味

乳酪口味

Petits roulés aux anchois et au fromage

鯷魚、乳酪捲餅

材料（容易製作的分量）

冷凍派皮
鯷魚
牛奶
切達乳酪、高達乳酪或米莫雷特乳酪（刨成屑）
蓋朗德鹽之花（Le Guérandais flower of salt）
蛋　　　　　　　　　　　　　　　　各適量

製作方法

1　鯷魚縱向切半，浸泡牛奶裡20分鐘左右，去除多餘
　　鹽分。
2　將擀成1～2mm厚的派皮切成寬9cm×長12cm大
　　小。將鯷魚置於派皮中央，輕輕將派皮捲起來，再
　　插入牙籤稍微固定一下。
3　再切一塊同2一樣大小的派皮，抹上蛋液。撒上乳
　　酪屑和蓋朗德鹽之花，同樣輕輕捲起派皮，再插入
　　牙籤固定一下。
4　放進預熱180℃的烤箱裡烤10～15分鐘。

Mini croissants apéritifs

迷你可頌

材料（容易製作的分量）

冷凍派皮
塊狀培根
蛋　　　　　　　　　　各適量

製作方法

1　將擀成1～2mm厚的派皮切成底邊5cm，高10cm的等
　　邊三角形。接著將切成8mm寬的棒狀培根（或是堆
　　疊起的培根片也可）置於派皮上，輕輕捲起來。
2　表面抹上蛋液，放進預熱180℃的烤箱裡烤15分
　　鐘。

Bâtonnets feuilletés
帕馬森乳酪棒狀餅

材料（容易製作的分量）

冷凍派皮
帕馬森乳酪（刨成屑）
百里香
雞蛋　　　　　　各適量

製作方法

1　將擀成1～2mm厚的派皮切成寬9mm×長12cm大小，抹上蛋液，撒上帕馬森乳酪屑和百里香，輕輕捲起來。

2　放進預熱180℃的烤箱裡烤8分鐘。

Amandes salées
鹽味杏仁果

能夠隨個人喜好為杏仁果調味，是不是很有意思呢？使用西班牙產和西西里島產的杏仁果，各有不同的口感與滋味，大家可以活用乾燥香草和香料，打造更多不同的好滋味。

材料（容易製作的分量）

杏仁果（整顆　美國產）　200g
蛋白　1顆分量
鹽　比1小匙多一些（7g）

蓋朗德鹽之花、黑胡椒、彩椒粉、咖哩粉
　各適量

製作方法

1　杏仁果放進熱水裡，再沸騰後取出一顆確認能否去皮，可去皮後全部取出置於濾網裡。去皮後確實擦乾水分。

2　放進預熱150℃烤箱裡烘烤20分鐘。
　＊稍微上色即可。

3　蛋白打散後加鹽。
　＊表面留有泡沫，不要完全打發。

4　將烘烤好的杏仁果加進3的蛋白裡混合拌勻。用濾網過篩多餘蛋白液。

5　取出杏仁果置於烘焙紙上，一顆顆分開放。撒上蓋朗德鹽之花和黑胡椒。各別撒上彩椒粉、咖哩粉，製作不同口味也可以。

6　放進預熱150℃烤箱裡烘乾5分鐘左右。烘乾過程中能稍微翻面的話更好。

適合送禮！

＊製作當天味道可能有點淡，靜置一天後鹹味會慢慢浮現。如果於使用前提早做好，務必將瓶蓋鎖緊。

＊杏仁果不去皮也沒關係。

Petits choux fourrés

高麗菜乳酪泡芙

泡芙的日文（シュークリーム）為和製外來語，
是由法文的「chou」和英文的「cream」組成。而
「chou」（複數形為choux）指的就是高麗菜。法
文的泡芙「Chou à la crème」一詞就是由外型與高
麗菜相似而來。這道高麗菜乳酪泡芙是巴黎餐廳裡
常見的一道開胃小菜，兩種不同的「高麗菜」結合
在一起，有趣又美味。

材料（20顆分量）

泡芙麵團

牛奶	100㎖
奶油	40g
鹽	1/3小匙（2g）
麵粉	60g
蛋	小2顆（100g）
格呂耶爾乳酪	20g

＊比薩用乳酪絲也可以。

內餡

高麗菜	適量
小蝦	適量
美乃滋	適量

＊手工美乃滋的作法請參照P94。

製作方法

1 牛奶、奶油（切小塊）、鹽倒入厚底鍋裡加熱。

2 奶油融化，牛奶沸騰後（a）暫時先熄火。加入麵粉充分拌勻。邊用木製攪拌匙快速攪拌，邊以中大火加熱30秒左右（b）。

3 趁麵糊尚溫熱時移至調理碗裡，慢慢加入蛋液（c）。接著加入刨成粗屑的乳酪，攪拌均勻（d）。

4 擠花袋上裝一個口徑較大的花嘴，擠出直徑3cm的圓球。或者用湯匙舀出圓球，置於烘焙紙上（e）。

5 放進預熱190℃的烤箱裡烤20～25分鐘。

◇內餡

1 高麗菜切絲，為保留口感，以鹽水先燙過，然後與美乃滋拌在一起。

2 從泡芙中間橫向切一刀，將高麗菜塞進去。

3 最後再塞入一隻以鹽水燙過的小蝦。

將牛奶加熱至中間部位也沸騰為止。這樣的溫度是成功的秘訣。

麵團稍微溼潤，能完整黏附成一團即可。

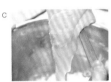
加入蛋液混合拌勻。

將刨成粗屑的乳酪也攪拌在一起。

沒有擠花袋時，用沾水的湯匙舀起麵團塑型成一顆圓球也可以。

Column

乳酪風味的泡芙「Gougère」小點心

「Gougère」是來自法國勃根地一帶，泡芙皮融入乳酪製作的點心。在第戎的街上，常見甜點店或麵包店裡陳列不少泡芙大小的Gougère（通常乳酪泡芙比較小）。那種酥脆的美味口感令人難忘！

現在法國各地的餐廳都會端上烤得比較小的Gougère當作開胃小菜。

擠麵糊時稍微擠得小一點，冷凍起來，當天需要時再以烤箱直接烘焙即可。方便又美味，非常適合作為日常小點心。記得趁熱吃喔！

製作方法：請參照P26的泡芙皮製作方法，但格呂耶爾乳酪分量請增加至40g。擠出直徑5cm的麵糊，放進預熱180℃的烤箱裡烤25～30分鐘。

Pommes duchesse

公爵夫人馬鈴薯

「Duchesse」在法文中是公爵夫人的意思，常作為一些精緻料理命名之用。料理課程中，老師常教我們將麵糊擠在銀盤上，然後直接放進烤箱裡烘焙。但在這裡，為了讓大家能一口一個，我們刻意將麵糊擠得小一點，如同迷你可樂餅般，每一口都充滿濃郁帕馬森乳酪香。

材料（15顆分量）

馬鈴薯　大1顆（150g）
奶油　10g
蛋黃　1顆
鹽、胡椒、肉豆蔻　各適量
帕馬森乳酪（刨成屑）　25g

製作方法

1　馬鈴薯去皮切片，約7～8mm厚，放入沸騰的鹽水裡煮5分多鐘。

2　用濾網瀝乾水分，趁熱迅速壓成泥狀。加入奶油和蛋黃拌勻，撒上鹽、胡椒、肉豆蔻，充分混合拌勻。最後加入帕馬森乳酪，同樣攪拌均勻。

3　將2的材料填入裝有星形花嘴的擠花袋裡，擠在鋪好烘焙紙的烤盤上。放進預熱220℃烤箱裡烤10分鐘，讓材料均勻上色。使用烤麵包機也可以，以1000W烤5～6分鐘。

應用篇
......
活用
公爵夫人
馬鈴薯

Croquettes de pomme de terre

3種迷你馬鈴薯可樂餅

當我知道日本的可樂餅其實是源自法國料理的炸肉餅「Croquette」時，讓我相當地驚訝。源自動詞「croquer」，形容咬下食物時發出的清脆響聲。

材料（15顆分量）

公爵夫人馬鈴薯的材料　如上1份
培根、橄欖、馬札瑞拉乳酪　各適量
麵粉　適量
蛋　1/2顆
牛奶　1/2大匙
麵包粉（法國麵包）　適量
油炸用油　適量

製作方法

1　將公爵夫人馬鈴薯的材料分成3等份。

2　培根和橄欖各自切末；將馬札瑞拉乳酪瀝乾水分後切成1cm見方的塊狀。

3　第1份公爵夫人馬鈴薯材料中加入培根；第2份加入橄欖，各自攪拌均勻，再各自揉成一顆約15g的圓球。最後1份公爵夫人馬鈴薯材料則揉成1顆約12g的圓球，中心挖個凹槽，將馬札瑞拉乳酪包在裡面。

4　依序裹上麵粉、拌勻的蛋與牛奶、麵包粉。

5　放入油鍋裡油炸。

Gâteau au bleu

藍黴乳酪蛋糕

這是一道極為適合搭白葡萄
酒的鹹蛋糕。使用羅克福乳
酪製作蛋糕時，建議搭配帶
有天然甜味的蘇玳葡萄酒。

材料（直徑15cm圓形蛋糕模1個分量）

蘇打餅（市售） 25g
藍黴乳酪 90g
奶油乳酪 200g
蛋 中1顆
鮮奶油（乳脂肪含量47%） 55mℓ
低筋麵粉 1又1/3大匙

製作方法

1 蛋糕模底部和側邊鋪上烘焙紙。將蘇打餅敲碎後平鋪於蛋糕模底部。

2 攪拌恢復常溫的奶油乳酪，攪拌至變軟為止。

3 蛋液分3次加進2裡面，使用攪拌器充分拌勻。

4 接著依序加入鮮奶油和過篩後的低筋麵粉，攪拌均勻後過篩。

5 用手壓碎藍黴乳酪，加進去後切拌一下。

6 將5倒入1的蛋糕模裡，隔水加熱後放進預熱160～170℃的烤箱裡烤
   20分鐘。溫度超過200℃後，再繼續烤10～15分鐘，直到蛋糕均勻上
   色。

7 降溫後置於冰箱冷藏室冰鎮。

Légumes au vinaigre
法式醃菜

蔬菜汆燙後的口感會直接成為醃菜的口感，所以要全神貫注，小心蔬菜不要煮過熟。300g的醃漬液大約可醃製300g的蔬菜。

材料（蔬菜共300g的分量）

小黃瓜、迷你番茄、紅蘿蔔、芹菜、玉米筍、白花椰菜、白蘿蔔、紅洋蔥、彩椒、蘑菇等，依個人喜好自行搭配　共300g

◇醃漬液
白葡萄酒醋　100㎖
水　200㎖
鹽　比1/2小匙多一些
精白砂糖　比1又1/3大匙少一些（15g）

香料
白胡椒（顆粒）　10顆
＊將顆粒壓碎較有刺激性辣味。
芫荽果實　10粒
芥菜種子、小茴香種子、芹菜種子、蒔蘿種子等　共3g

製作方法

1　將醃漬液的材料倒進小鍋裡，沸騰後熄火。靜置一旁放涼。

2　小黃瓜先抹鹽去除水分；迷你番茄去蒂，直接（不汆燙）放進醃漬液裡。

3　將2以外的蔬菜切成適當大小，用熱水汆燙（請參考右表）。咬一下，只要覺得沒有生吃的感覺，就可以立刻撈起來。

4　充分瀝掉水分，趁熱浸泡在醃漬液裡。

5　放進冰箱冷藏室裡。

＊汆燙時間（大致基準）	
〈2分鐘〉	〈1分鐘〉
紅蘿蔔（7～8mm厚）	白蘿蔔（7～8mm厚）
芹菜（削皮）	紅洋蔥
玉米筍	彩椒
白花椰菜	蘑菇

＊醃漬隔天即能食用，但味道要穩定，建議醃漬2～3天。
＊紅洋蔥的色素會滲透至醃漬液裡，建議另外醃漬於其他容器中。
＊小黃瓜和番茄的水分較多，建議一兩天內食用完畢。

Rillettes

豬肉絲醬

「Rillettes」是一種將豬肉等肉類煮到軟爛，可以輕易剝開成一絲一絲，然後連同脂肪一起凝固的抹醬。豬的每個部位都能食用，這是自古的民族智慧。脂肪包覆在肉醬上，置於冰箱冷藏室，可保存一個星期左右。這在法國常用來作為伴手禮。

材料（烤皿100㎖ 3個分量）

豬五花　200g
豬肩胛肉　200g
豬背脂（從五花肉等切下脂肪部分也行）　100g
紅蔥頭　1個
大蒜　1瓣
丁香　1個
黑胡椒（顆粒）　5顆
百里香、月桂葉　各適量
鹽　比1/2大匙少一些（8g）
※以1kg的肉使用16g的鹽為基準。
白葡萄酒　150㎖
水　150～200㎖

＊冷凍保存備用，還可用來作為法式鹹派和炒飯的配料。
＊包裝得漂亮些，可作為一般家庭聚會的伴手禮，相信好友一定相當開心。

製作方法

1 豬肉切4cm見方的肉塊。脂肪另外切5mm見方小丁，用菜刀拍打成絞肉狀。

2 用紗布將紅蔥頭、大蒜、其他香料、香草植物包起來，並用繩子綁緊。

3 將黑胡椒以外的食材放進鍋裡，加熱至沸騰。確實撈起浮渣，蓋上鍋蓋以最小火燉煮3個小時。約1個半小時的時候，翻面一下。2個半小時的時候掀開鍋蓋讓水分蒸發一些。

4 感覺將肉夾起來會整個化開散掉的時候，將湯汁與肉塊分開放。

5 剝除肉塊上的脂肪，並將肉塊撕成一絲絲。

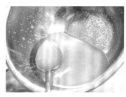

6 撈起煮肉湯汁上的油脂，盛裝於另外一個容器中。

7 剩餘的湯汁（約150g）過篩後淋在剛才撕成絲狀的肉條上，加入1/2小匙研磨成粗顆粒的黑胡椒（分量外），攪拌均勻。

8 用叉子充分攪拌至油脂呈白濁狀，盛裝於小烤皿裡並用刀子壓平。

9 將剛才另外盛裝的油脂淋在8的上面，置於冰箱冷藏室一晚。

10 隔天可取適當分量，薄薄地抹在麵包上食用。

Rillettes de saumon

鮭魚肉醬

魚肉版的肉醬並非特殊加工能夠保存多日的食物，但烹調時間短，很快就能上桌。法國餐廳常以這道菜餚作為前菜。由於實在太美味，有一次在菜單上發現這道菜時，我竟只單點這道菜吃到飽。

材料（容易製作的分量）

鮭魚　200ｇ（2塊）
煙燻鮭魚　60ｇ
洋蔥　小1/2顆（100ｇ）
檸檬　1/2顆
鮮奶油（乳脂肪含量35％）　80㎖
酸豆（切粗粒）　1小匙
蒔蘿（切末）　1大匙
鹽、白胡椒　各適量

製作方法

1　鮭魚去皮去血合。抹上鹽巴後蒸5分鐘。靜置一旁放涼。
2　煙燻鮭魚切成7～8mm見方的小丁備用。
3　洋蔥切細碎，浸泡一下水後立刻盛裝在濾網裡瀝乾，並用紙巾擦拭多餘水分。
4　將檸檬皮磨細末，果肉榨成汁。
5　打發鮮奶油至7～8分發，加入檸檬汁（1～1又1/3大匙）、檸檬皮末混合拌勻，以鹽和胡椒調味。
6　小心拿掉鮭魚小刺，用叉子將魚肉搗碎（不要太細碎）。
7　將煙燻鮭魚、3的洋蔥、5的鮮奶油、酸豆、蒔蘿加入6裡面拌勻。
8　以鹽巴和胡椒調味，置於冰箱冷藏室裡入味。
9　必要時再以鹽巴、胡椒、檸檬汁、檸檬皮調味後再上桌。

＊建議使用一般作為生魚片的大西洋鮭魚塊，若魚片較厚，可事先剖開，盡量縮短蒸煮時間。蒸到近熟的程度，可以保留更多魚肉多汁的鮮味。
＊盡量於當天食用完畢。

Rillettes de maquereau

鯖魚肉醬

青背魚通常會先以蔬菜白酒高湯（Court-Bouillon）烹煮，但這次將為大家介紹一種較為簡略的方法。

材料（容易製作的分量）

鯖魚肉片　1片（2塊）
檸檬汁　2小匙（10㎖）
法式第戎芥末醬　1/2大匙
洋蔥（切末）　2大匙
芹菜（切丁3mm見方）　2大匙
綠胡椒（顆粒 切末）　1/2大匙
＊也可用酸豆1大匙代替。

義大利香芹（切末）　1大匙
大蒜（磨成泥）　1/2瓣
奶油　25ｇ
鹽、胡椒　各適量

汆燙高湯

水　300㎖
白葡萄酒　50㎖

白葡萄酒醋　1又2/3大匙（25㎖）
紅蘿蔔（切片）　1/4根
芹菜（切片）　1/4株
洋蔥（切片）　小1/4顆
法國香草束　1束
鹽　2撮
胡椒（顆粒）　5顆

製作方法

1　將魚肉和汆燙用的高湯材料放進鍋裡（照片），以小火加熱。以接近沸騰的溫度烹煮3分鐘左右。靜置一旁放涼。
2　取出魚肉，用菜刀小心去掉魚皮。用紙巾擦乾魚肉上的水分，拿掉魚刺並搗開魚肉。
3　先將檸檬汁與法式芥末醬拌在一起，淋在魚肉上。
4　加入洋蔥、芹菜、綠胡椒、義大利香芹後拌勻，視味道再添加大蒜調味。
5　魚肉完全放涼後，加入軟化的奶油充分拌勻。以鹽、胡椒調味。置於冰箱冷藏室裡入味。
6　以鹽、胡椒、檸檬汁、大蒜等調味後即可上桌。

＊如不喜歡鯖魚的腥味，請添加2大匙優格。
＊靜置半天風味更佳。隔天再食用也OK。

白乳酪醬

鮭魚肉醬

鯖魚肉醬

Fromage blanc à la ciboulette
白乳酪醬

Fromage blanc（白乳酪）是一種加入乳酸菌使其發酵，但並不使其熟成的新鮮乳酪。味道類似優格那樣清爽，在法國常用於製作料理或甜點。

材料（容易製作的分量）

白乳酪　200ｇ
紅蔥頭（切末）　2大匙（20ｇ）
鹽、白胡椒（研磨）　各少許
檸檬汁　少許
蝦夷蔥（切蔥花）　1大匙

製作方法

1　用紗布將白乳酪包起來，置於咖啡濾杯上1個小時左右，瀝乾白乳酪裡的水分。若是硬的白乳酪（已經過瀝水處理），則可直接使用。＊瀝出來的水先不要倒掉，之後用於調整軟硬度。

2　倒入切末的紅蔥頭拌勻，以鹽、胡椒、檸檬汁調味。

3　撒上切成蔥花狀的蝦夷蔥，置於冰箱冷藏室裡入味。

ENTRÉES

前菜，豐盛餐宴的第一道入口

前菜就像是在提醒大家「接下來正式餐點就要上桌了」的第一道菜。
大致可分為魚類、肉類和蔬菜類，有冷食也有熱食，但夏季裡大家
應該比較偏好清涼爽口的食物吧。
前菜的分量通常少於主菜，但如果是午餐時間招待客人，可以省略
主菜，改端上數種前菜搭配麵包和葡萄酒。

Soupe à l'oignon nouveau

法式洋蔥湯

新鮮洋蔥產季特有的樂趣。無需湯匙便能咕嚕咕嚕大口喝的清爽湯品。建議使用甜度較高的淡路產洋蔥！

材料（2人份）

新鮮洋蔥　150 g　　　　　蝦夷蔥（切蔥花）　少許
牛奶　90㎖　　　　　　　培根　2片
水　90㎖
奶油、鹽、胡椒　各適量

製作方法

1　洋蔥切片，以奶油炒到出汁。
　　＊不要炒到焦黑。

2　炒到有甜味後（試吃一下，確認還有沒有生吃的感覺）立即熄火，加入水和牛奶。用食物調理機攪拌均勻後過篩備用。

3　上桌前重新加熱，以鹽和胡椒調味。

4　盛裝於器皿上，撒上胡椒與蝦夷蔥。

5　培根縱向切半，用2張烘焙紙包起來。以2片烤盤夾起來後，放進預熱170℃的烤箱裡烤10分鐘左右。

Soupe aux petits pois

卡布奇諾豌豆濃湯

熱食、冷食各有一番風味的湯品。泡沫的包覆讓豌豆的味道更加甘醇滑潤。

材料（2人份）

豌豆　100 g（淨重。未去掉
　　　豆莢則大約250 g ）
洋蔥（切末）　2大匙
火腿　30 g
水　120㎖
牛奶　80㎖
奶油、鹽、胡椒　各適量

卡布奇諾
│ 牛奶　100㎖
│ 黑胡椒（研磨）　少許

製作方法

1　以奶油炒洋蔥末和切段的火腿到出汁。

2　加水煮沸，放進豌豆改為小火烹煮（5分鐘左右），自火爐上移開鍋子。

3　取出火腿，用食物調理機打成汁，或者在濾網上以橡皮刮刀邊壓邊過篩。為保留美麗顏色，請在汁液裡放點冰塊。

4　加牛奶後重新加熱，以鹽和胡椒調味。

5　製作卡布奇諾。將牛奶加熱至65℃左右（＊不要沸騰），使用攪拌器打到發泡。

6　撈起泡沫置於湯品上。撒上黑胡椒。

＊加熱牛奶時，一旦鍋邊開始冒出小泡沫，溫度大概已經70℃了。
＊牛奶就算只有5℃也能打發，不過泡沫比較不細緻。
＊如要烹調成冷湯，不要用奶油炒食材，改用橄欖油，口感會比較滑順。另外，冷湯也不加火腿。

烤蔬菜沙拉佐番茄凍

這是一道非常適合夏季食用的菜餚，盤內盛裝3種烹調方式的美味蔬菜。冰鎮一下即成為色香味俱全的前菜。也可以烹調成希臘風沙拉，只需添加烤花枝和帆立貝，再撒些菲達乳酪絲就完成了。

材料（2人份）

新鮮蔬菜（小黃瓜）

汆燙蔬菜（秋葵、甜豆）

火烤蔬菜（蕪菁、紅椒、黃椒、櫛瓜、茄子、洋蔥、玉米筍、蘑菇、獅子唐青椒）

裝飾蔬菜（橄欖、迷你番茄、細葉香芹、羅勒）

鹽、橄欖油（Extra Virgin） 各適量

油醋醬

白葡萄酒醋　1大匙

橄欖油（Extra Virgin）　2大匙

鹽、胡椒　各適量

番茄果凍

番茄（熟透）　1顆

鹽、胡椒　各適量

片狀明膠（每120ｇ果凍）　1ｇ

＊沒有也無妨。

製作方法

◇醃漬蔬菜

1 小黃瓜切滾刀塊，淋上適量油醋醬後放進冰箱冷藏室。

2 以鹽水稍微汆燙秋葵和甜豆，淋上適量油醋醬後放進冰箱冷藏室。

3 其他蔬菜切成一口大小，撒上鹽、淋上橄欖油，置於烤網上火烤。趁熱淋上油醋醬後放進冰箱冷藏室30分鐘左右。

◇番茄果凍

1 汆燙番茄後剝皮去籽。

2 切丁放入食物調理機打成泥，過篩後加鹽、胡椒調味。

3 量測2的果泥重量，取適當分量的明膠加水還原。用隔水加熱的方式溶解明膠，加入果泥中。

4 過篩後置於冰箱冷藏室冰鎮。

＊明膠只會使番茄果泥呈黏稠泥狀，並不會凝固，所以沒有明膠也沒關係。

盛盤

1 將番茄果凍倒入盤底，鋪平。將蔬菜依序盛裝於盤內（a、b、c）。撒上橄欖、迷你番茄和香草等。

2 滴一些橄欖油在果凍上。

a 以番茄果凍作為底座。　b 以前矮後高的方式擺盤。　c 使整體呈現立體感。

Salade de tomates

多彩番茄沙拉

巴黎市集裡常見五彩繽紛的番茄，看了就有種非買不可的衝動!!很想一次吃盡各種番茄的美味，所以試著做了這道簡單的沙拉。

材料（容易製作的分量）

番茄（不同品種）、球芽甘藍、紅洋蔥
　（切片）、橄欖（切片）、野薄荷
＊羅勒、義大利香芹也可以。
加了芥末醬的油醋醬（參照P94）、香
　芹（切末）

　　　　　　　　　　全部各適量

製作方法

1　番茄切成適當大小。
2　以鹽水汆燙球芽甘藍，對半切開備
　　用。
3　番茄、球芽甘藍、紅洋蔥盛盤，撒
　　上橄欖和野薄荷。
4　將油醋醬與香芹拌在一起作為沾
　　醬。

＊近年來這種名為「牛心（Cœur de bœuf）」的番茄品種備受好評，常見於法國各地的市集裡。

這道菜餚是法國家庭飯桌上常見的招牌配菜。法國的小黃瓜是如此巨大啊！由於小黃瓜皮很厚，建議削皮去籽後再使用。如果想要有紮實的咬感，建議使用加賀太黃瓜。搭配檸檬汁的小黃瓜真的會令人一口接一口，完全停不下來，是一道最適合夏季食用的美味佳餚。

材料（容易製作的分量）

加賀太黃瓜　1根
（一般小黃瓜的話可用3～4根）
鮮奶油（乳脂肪含量35％）　100ml
＊同分量的優格也可以。

檸檬汁　比1大匙多一些
鹽、黑胡椒　各適量

製作方法

1　小黃瓜縱向切半、用湯匙挖掉籽。
2　削皮後切成寬3～4mm寬的圓片。確實抹上鹽巴後靜置一段時間。
3　搓揉去水，並用紙巾擦乾小黃瓜上的水分。
4　先將鮮奶油和檸檬汁拌在一起，然後再加入小黃瓜拌均勻。
5　以鹽、胡椒調味，置於冰箱冷藏室冰鎮後再食用。

＊使用一般小黃瓜的話，可連皮斜切成厚片。

Salade de concombre

小黃瓜沙拉

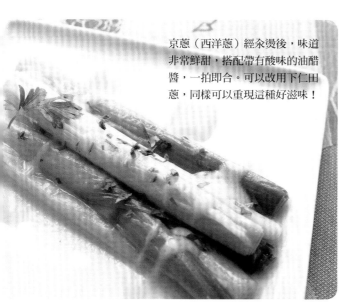

京蔥（西洋蔥）經汆燙後，味道非常鮮甜，搭配帶有酸味的油醋醬，一拍即合。可以改用下仁田蔥，同樣可以重現這種好滋味！

Poireaux à la vinaigrette

油醋京蔥

材料（容易製作的分量）

京蔥
＊照片裡使用的是嫩京蔥 jeunes poireaux。

加了芥末醬的油醋醬（參照P94）、義大利香芹（切末）　各適量

製作方法

1　以鹽水（分量外）將京蔥煮到軟爛（15分鐘左右）。
2　瀝乾水分，淋上油醋醬拌勻，置於冰箱冷藏室半天左右。
3　京蔥盛盤，淋上加了芥末醬的油醋醬，最後撒上義大利香芹就完成了。

Gratin d'asperges

焗烤蘆筍

「Gratin」是指菜餚上蓋了一層微焦薄皮的料理。
這道料理的作法非常簡單，但要去除蘆筍水分，才
能品嚐到那種濃縮在食材裡的鮮味。

材料（照片中的分量）

蘆筍　粗16根
帕馬森乳酪（刨成屑）　60g
融化的奶油　60g
麵包粉（法國麵包）　滿滿1大匙
＊將法國麵包撕小塊，烘乾後搗碎並過篩。

鹽、胡椒　各適量

＊將一半的帕馬森乳酪改成格呂耶爾等可融解型乳酪
會更加美味。

製作方法

1　削去蘆筍下方1/3的外皮（白蘆筍的話，削去整根
　　外皮）。
2　整根蘆筍用鹽水汆燙。
3　置於冷水裡降溫，然後充分瀝乾水分。
4　分批將蘆筍平鋪在烤皿裡。撒上鹽、胡椒和帕馬森
　　乳酪，稍微淋些奶油。
5　重覆4的作法1～2次，將所有蘆筍並排於烤皿裡。
6　撒上麵包粉，放進預熱220℃的烤箱裡烤8～10分
　　鐘。

Fricassée de champignons

法式奶油燴野菇

一種簡樸的秋季味覺。多樣化的野菇能豐富口感,增添美味,其中蘑菇滑嫩又鮮甜,大家務必嘗試看看蘑菇入菜帶來的好滋味。

材料（2人份）

菇類（蘑菇、舞菇、香菇、鴻禧菇、秀珍菇、杏鮑菇
　等）　共250g
紅蔥頭（切末）　250g
大蒜（切末）　1/2瓣
培根（切片）　1片
奶油　20g
橄欖油　1大匙
鮮奶油（乳脂肪含量35%）　4大匙（60㎖）
鹽、胡椒　各適量
香芹（切末）　1大匙

製作方法

1　菇類切成容易入口的大小。＊不要切得過小。

2　培根切5㎜寬。

3　平底鍋加熱,鍋底抹上奶油和橄欖油後倒入切好的
　　菇類。加鹽巴、胡椒,以中大火煸炒。
　　＊在這個階段,鹽巴的添加量非常重要。

4　所有食材變軟後,撒上紅蔥頭、大蒜、培根。

5　熟了之後加入鮮奶油,以小火慢慢煮。

6　以鹽巴、胡椒調味,撒上香芹末。

（右起,順時針方向）
黃菇、牛肝菌、大型棕
蘑菇、雞油菌、法產秀
珍菇。

Ratatouille

普羅旺斯燉菜

南法尼斯的地方料理普羅旺斯燉菜，是一道用沐浴在大太陽底下的夏季蔬菜燉煮出來的料理。煮好立刻吃當然也沒問題，但靜置一晚當冷盤吃滋味尤佳。初夏至盛夏，蔬菜長得正旺盛時，大家務必嘗試一下喔。

普羅旺斯燉菜並不是「蔬菜雜燴」，所以我個人認為最理想的普羅旺斯燉菜在入口時不該整體都是燉菜的味道，而應該是彩椒、櫛瓜、茄子等各種蔬菜有各自的美味。雖然聽起來有點費功夫，但我仍舊向大家推薦這道食譜。

材料（容易製作的分量）

番茄（熟透） 3顆（600g）
＊番茄沒有熟透的情況，追加番茄糊1/2大匙。
洋蔥（切末） 大1顆（250g）
大蒜（切末） 2瓣
彩椒（紅・黃） 各1個

櫛瓜 大1根（180g）
茄子 小2根（150g）
法國香草束 1束
羅勒、普羅旺斯綜合香草 各適量
紅葡萄酒醋 1/2大匙
橄欖油、鹽、胡椒 各適量
法國長棍麵包（切薄片） 數片

製作方法

1 番茄汆燙後去皮，橫切成一半後取出籽。切成1cm塊狀。番茄籽部分過篩成番茄汁。

2 翻炒洋蔥並加入大蒜（炒20分鐘左右）。

3 彩椒、櫛瓜、茄子切成2.5cm的塊狀。

4 以橄欖油迅速炒一下彩椒，加入鹽巴和胡椒。將炒好的食材倒在鋪有烘焙紙的濾網裡，去掉多餘油脂，然後再倒進裝有洋蔥的鍋子裡。
＊在這個步驟中，加鹽和火候非常重要。足夠的鹽才能鎖住食材鮮味，而大火才能將食材表皮炒到硬。

5 接著用橄欖油依序快炒櫛瓜、茄子，同樣以鹽巴和胡椒調味。如同步驟4，瀝乾多餘的油脂後倒入裝有洋蔥的鍋裡。

6 加熱剛才使用的平底鍋，倒入酒醋和少量水以溶釋精華（將形成於鍋底的焦香精華溶釋於汁液裡）。

7 將製作好的精華湯汁倒入裝著所有蔬菜的鍋裡。

8 加入1的番茄，以鹽巴和胡椒調味。

9 放入香草束，蓋上烘焙紙，以預熱180℃的烤箱烤40分鐘。

10 繼續加熱使多餘的水分蒸發。

11 加入切末的羅勒和綜合香草，再次以鹽巴和胡椒調整味道。必要時加點酒醋提味。
＊不要胡亂攪拌，以十足的火力盡量在短時間內讓汁液煮到將近收乾。

12 盛裝於器皿上，將稍微烤過的切片麵包插在食材上。

＊沒有熟透的番茄時可加入等同於半顆番茄的罐裝番茄汁，或者於最後添加一些番茄糊也可以。
＊在最後收乾汁液的步驟中，如果過度攪拌或火候太小，都可能導致蔬菜變糊。但也要多加留意不要因為火候過大而燒焦。

Salade de riz

米沙拉

對法國人來說，米飯不過是料理的其中一項食材，就算配菜裡有米飯，他們仍舊會搭配麵包一起吃。雖然米沙拉配麵包，感覺吃起來有些彆扭，但其實相當美味。

材料（容易製作的分量）

米　100g
鹽、油　各適量
玉米　1/2根
紅蘿蔔　小1/2根
彩椒（紅·黃）　各1/4個
青椒　1個
火腿　80g
番茄　1/2顆
橄欖　10粒
香芹（切末）　適量

油醋醬

法式第戎芥末醬　1大匙
紅葡萄酒醋　1大匙
橄欖油　1又1/2大匙
鹽、胡椒　各少許

製作方法

1　先將水煮沸，放入鹽、油和洗好的米，不時攪拌一下，大約煮12分鐘後（中間米芯還有點硬的程度），撈起來置於濾網中放涼。

2　玉米置於鍋裡蒸5～10分鐘。用刀子將玉米粒切下來。

3　紅蘿蔔、彩椒、青椒切成1cm見方塊狀，各自用鹽水汆燙並放涼。

4　火腿和汆燙後去皮的番茄同樣切成1cm見方塊狀備用。

5　參考P94製作油醋醬。

6　將充分散去水分的1、2、3、4與橄欖油、香芹拌在一起，淋上油醋醬。先置於在冰箱冷藏室裡入味。

7　必要時以鹽巴、胡椒和酒醋（皆分量外）微調味道。

Tabboulé au poulet mariné

雞肉番茄佐古斯米沙拉

材料（2人份）

古斯米　100g
熱水　100ml
橄欖油　比1大匙多一些
鹽　1/2小匙
檸檬汁　1大匙

雞腿肉　200g
檸檬汁　1/2大匙

番茄　2顆
百里香　適量
櫛瓜　1/3根
橄欖　5粒
芝麻菜　適量
鹽、胡椒、橄欖油　各適量

製作方法

1　先製作油封番茄。番茄分成4等份，連皮向外翻，像花瓣開花般。撒上橄欖油、鹽、胡椒和百里香，放進預熱100℃的烤箱裡烤30～45分鐘（如下方照片）。

2　雞肉上撒鹽巴和胡椒，平底鍋裡倒油，將雞肉煎至上色，雞皮酥脆。自平底鍋裡取出雞肉，淋上檸檬汁，靜置一旁備用。

3　調理碗裡放入古斯米、鹽巴、熱水、橄欖油混合拌勻。蓋上鍋蓋置於火爐上蒸5分鐘。煮熟後立刻攤平於器皿上，讓水分蒸發。完全放涼後倒入檸檬汁拌勻。
　＊要注意若在溫熱階段就倒入檸檬汁的話，味道會明顯偏淡。

4　櫛瓜切厚圓片，撒上鹽巴和胡椒。平底鍋裡倒入油，開大火熱煎櫛瓜表面就好。

5　將番茄、切成適當大小的雞肉、櫛瓜、切成片的橄欖放進3的古斯米裡。

6　最後放入撕小片的芝麻菜，切拌一下就完成了。

古斯米是硬殼小麥碾磨成粉再蒸熟的粗麥製品，搭配肉類和蔬菜，最後淋上湯汁，是北非、西非居民常吃的主食。自19世紀傳入法國後，現在已是家家戶戶飯桌上的招牌菜。本書將這道佳餚做成沙拉，但是以雞肉來增加分量，所以也推薦當作午餐享用。

＊以油封方式處理番茄，能夠去除多餘水分並濃縮番茄的甘甜滋味，但如果是新鮮番茄，直接生吃也可以。

尼斯風沙拉、手作油封鮪魚

這原本是一道只有番茄、鯷魚佐橄欖油的尼斯鄉土料理，使用的新鮮蔬菜也是不經烹調直接上桌，但稍微烹煮過後的現代豪華版，是我說什麼也割捨不了的好滋味……。

材料（容易製作的分量）

鮪魚（生魚片用魚塊） 200g
鹽、橄欖油 各適量
百里香葉片、月桂葉、大蒜、檸檬皮 各適量

馬鈴薯 2個
四季豆 100g
蛋 2顆
鯷魚片 8片
彩椒（紅‧青‧黃） 各1個
番茄 2顆
萵苣 適量
黑橄欖 12粒
加了芥末醬的油醋醬（參考P94） 適量
紅蔥頭（切末） 適量

製作方法

1　製作油封鮪魚（參考P49）。
2　將紅蔥頭添加在P94的油醋醬裡。
3　馬鈴薯連皮以鹽水汆燙後去皮，切成一口大小。趁熱淋上適量的油醋醬。
4　以鹽水汆燙四季豆。盛盤前再淋上油醋醬。
5　製作水煮蛋，切成4等份。
6　將鯷魚片浸泡在牛奶（分量外）裡20分鐘左右以去除鹽分。縱向切半。
7　彩椒切絲，盛盤前再淋上油醋醬。
8　番茄切瓣。
9　將萵苣呈圓形狀鋪在盤子上，中間擺上馬鈴薯和撕開的手作油封鮪魚，最後再將其他蔬菜裝飾於四周。另外以小碟子盛裝油醋醬。

手作油封鮪魚

1 使用大量的鹽抹在鮪魚上，置於冰箱冷藏室20分鐘左右。

2 用紙巾擦乾鮪魚上的水分，撒上百里香葉、月桂葉、大蒜片、檸檬皮，淋上橄欖油，靜置於冰箱冷藏室1小時左右（a）。

3 將鮪魚放入小鍋裡，倒入橄欖油淹過魚片。以極小火慢慢煮，開始出現氣泡時（約70～80℃，大概需要15～20分鐘）（b）再翻面。再次出現氣泡時即可熄火。

4 讓餘熱繼續煮透鮪魚（c）。

a　　　b　　　c

＊鮪魚浸漬在油品裡的狀態下，可置於冰箱冷藏室保存1個星期左右。烹調好的隔天食用滋味尤佳。

＊油封處理後留下來的油，置於冰箱冷藏室保存，可於下次煎炒食材時使用。

Sardines à l'huile

自製熱呼呼油漬沙丁魚

雖然油漬沙丁魚罐頭的味道豐富且醇香，但和自己親手製作且又熱呼呼上桌的風味截然不同。而且這道佳餚也是我繁忙生活中的「最佳救急菜單」。因為只需要短短5分鐘就能立即上桌。

材料（照片中的分量）

沙丁魚（不要太大）　5尾
橄欖油　適量
大蒜（切片）　1瓣分量
新鮮洋蔥（切圓片）　適量
辣椒　1根　＊照片裡是使用整根卡宴辣椒。
鹽、黑胡椒（顆粒）、百里香、月桂葉　各適量

製作方法

1 平底鍋裡倒入橄欖油，將沙丁魚以外的食材放進去，以小火加熱。

2 用剪刀剪掉沙丁魚的背鰭和腹鰭，逆著魚鱗生長方向清洗乾淨。用紙巾擦乾水分，抹上大量鹽巴。

3 橄欖油開始稍微沸騰，傳出陣陣大蒜香味時，將沙丁魚排列在平底鍋裡。

4 舀起橄欖油淋在沙丁魚上，以小火煮3分鐘左右。

　＊依沙丁魚的大小增減烹煮時間。

＊照片裡雖然沒有，但添加些蘑菇一起烹煮，美味會更加提升。

Saint-Jacques marinées

法式醋醃帆立貝、
2種變化風味

這裡要為大家介紹2種醋醃帆立貝的烹調方法，生吃與火烤。盛產於冬季的帆立貝甜度高，稍微過火烤一下，甜度與鮮味加倍提升。

醋醃烤帆立貝
佐洋蔥醬

材料（2人份）

帆立貝柱（生魚片用）　大4～6個
鹽、橄欖油　各適量
紅胡椒（Pink peppercorn）、蒔蘿　各少許

油醋醬

　洋蔥（磨成泥）　20g
　＊試吃一下，若有辛辣味，可稍微水洗一下，
　　並用濾網瀝乾。
　紅蘿蔔（磨成泥）　10g
　橄欖油（Extra Virgin）　1大匙
　檸檬汁　1/2小匙
　鹽、胡椒　各適量

製作方法

1　在帆立貝柱上塗抹大量鹽巴。置於倒入油的平底鍋上煎，煎表面就好。

2　拌勻調製油醋醬的材料，淋在1上面。請先將1橫切一半或橫切成3等份。將浸漬在油醋醬裡的帆立貝置於冰箱冷藏室1個小時左右。

3　將帆立貝柱以放射狀方式盛盤，置於冷藏室裡確實冰鎮，最後再以紅胡椒和蒔蘿裝飾就可以上桌了。

醋醃帆立貝
佐美乃滋與芥末籽醬

材料（2人份）

帆立貝柱（生魚片用）　大4～6個
美乃滋（參考P94）　1大匙
芥末籽醬　1大匙
檸檬汁、萵苣纈草　各適量

製作方法

1　用清水稍微清洗一下帆立貝柱，以紙巾確實擦乾。

2　將美乃滋與芥末籽醬拌在一起，覺得太稠不夠滑順時，可加些檸檬汁。淋在橫切一半或橫切成3等份的帆立貝上。將浸漬的帆立貝柱置於冰箱冷藏室1小時左右。

3　將帆立貝柱以放射狀方式盛盤，置於冷藏室裡冰鎮，最後再以萵苣纈草裝飾。

豪華魚貝沙拉、
巴黎風味馬鈴薯沙拉

讓水煮馬鈴薯喝幾口白葡萄酒，真不可思議！搖身一
變成了一道充滿濃濃巴黎風味的馬鈴薯沙拉！以馬鈴
薯沙拉為基底，搭配新鮮魚貝，豪華佳餚立即上桌。

材料（2人份）

蝦子（帶頭） 2尾
鮪魚（生魚片用魚塊） 1片
帆立貝柱（生魚片用） 2個
鹽、檸檬汁 各適量
櫻桃蘿蔔、蒔蘿 各適量

底醬

橄欖油（Extra Virgin） 2大匙
橄欖（切末） 4粒分量
白葡萄酒醋 2小匙
鹽、胡椒 各適量

巴黎風味馬鈴薯沙拉

馬鈴薯 150g
白葡萄酒 2大匙
洋蔥（切片） 15g
加了芥末醬的油醋醬（參考P94） 2大匙
香芹 適量

製作方法

1 蝦子連殼以鹽水汆燙。
2 鮪魚上抹上大量鹽巴，置於冰箱冷藏室1個小時左右。擦乾魚肉上的水分，置於已經預熱好的烤網上燒烤，烤魚肉表面就好。
3 稍微沖洗一下帆立貝柱並確實擦乾。撒上鹽巴和檸檬汁，放進冰箱冷藏室。
4 調製底醬。橄欖油裡加入橄欖，以白葡萄酒醋、鹽巴和胡椒調味。
5 製作馬鈴薯沙拉（參考右表）。
6 先將馬鈴薯沙拉盛裝於器皿上，再將魚貝類、香草植物倚著馬鈴薯擺放，最後用湯匙舀起底醬淋在一旁（照片a、b、c）。

a　　　　　　　b　　　　　　　c

巴黎風味馬鈴薯沙拉

1 馬鈴薯連皮用鹽水汆燙（鹽多放點）。
2 去皮後切片約7～8mm厚。趁熱淋上白葡萄酒，靜置2～3分鐘。
3 趁熱加入切片洋蔥，淋上加了芥末醬的油醋醬。
4 加入香芹末，靜置一旁入味。
5 試吃一下，必要時再以鹽巴、胡椒、油醋醬調味。

Légumes farcis

鑲肉蔬菜盅

「Farcis」就是「填塞」的意思。在尼斯常見販售便菜的店家櫥窗裡陳列各式各樣的鑲肉蔬菜盅。由於實在太可愛，自從我學會這道料理後，我們家餐桌上三不五時就會出現這道可愛的單品。接下來我將為大家介紹下圖中以彩椒、番茄為主角的鑲肉蔬菜盅。

Poivrons farcis

肉餡青椒盅

材料（4人份）

青椒 4個
洋蔥（切末） 50 g
牛絞肉 100 g
培根 2片
大蒜（切末） 1瓣
鹽、胡椒 各適量
麵包粉 5大匙
格呂耶爾乳酪（刨成屑） 20 g
羅勒或香芹、百里香、卡宴辣椒 各適量
格呂耶爾乳酪（刨成屑） 40 g

製作方法

1 熱炒切末洋蔥使水分蒸發。
2 加入牛絞肉、碎切培根、大蒜末，熱炒到水分收乾。添加一些鹽巴和胡椒調味，靜置一旁放涼。
3 將麵包粉、乳酪、切末羅勒、百里香、卡宴辣椒與2混合攪拌在一起。
4 在青椒有蒂的上部三分之一處橫切一刀當作蓋子，並挖掉青椒裡面的籽。在裡面稍微撒上鹽巴、胡椒，並將2滿滿地填塞在裡面，最後撒上乳酪屑。
5 取橄欖油（分量外）刷在青椒上，放進預熱200℃的烤箱裡烤10～15分鐘。

＊使用彩椒的情況，請先用鹽水汆燙5分鐘。

Tomates provençales

普羅旺斯番茄盅

材料（6人份）

番茄 小6顆
橄欖油（Extra Virgin） 3大匙
百里香（乾燥） 2撮
大蒜（切末） 1～2瓣
麵包粉 30 g
香芹（切末） 3大匙
鹽、胡椒 各適量

製作方法

1 在番茄有蒂的上部三分之一處橫切一刀當作蓋子，用湯匙挖掉裡面的籽與果肉。
2 平底鍋裡倒入橄欖油，放入百里香、大蒜末，以小火加熱至蒜香飄出。＊注意不要燒焦了。
3 加進麵包粉拌勻，以鹽巴和胡椒調味。將平底鍋自火爐上移開，撒上香芹。
4 在番茄裡面撒上鹽巴和胡椒，並將3的麵包粉填塞在裡面。連同番茄蓋子一起放進預熱200℃的烤箱裡烤10分鐘。

＊烹調這道料理時，建議使用自製的麵包粉。先將原味吐司置於冰箱內風乾一晚，再以食物調理機磨成麵包粉。如果是自製麵包粉，請將材料中的橄欖油改為2大匙。
＊取2片鯷魚片和麵包粉攪拌在一起也十分美味。

Tartes salées

鹹派塔

這次將為大家介紹2種鹽味的派塔。唯有親手製作，才能享受到那種剛出爐的香醇又熱呼呼的美味派塔！搭配沙拉和葡萄酒，就能成為一道隨性又不失禮的待客餐點。

Tarte aux légumes
三色青蔬派塔

材料（一個直徑18cm圓形塔模的分量）

冷凍派皮　1片（150g）
蛋　少許
格呂耶爾乳酪　40g

內餡

煙燻培根（塊狀）　60g
＊沒有也無妨。
格呂耶爾乳酪　50g
番茄　3顆
櫛瓜　1根
茄子　2根
大蒜　1瓣
橄欖油、鹽、胡椒　適量

麵糊
蛋　1又1/2顆（75g）
鮮奶油（乳脂肪含量
　35%）　110ml
鹽、胡椒、乾燥羅勒
　各適量

製作方法

1　將派皮擀成23cm的四方形大小，暫時先置於冰箱冷藏室裡。

2　自冰箱中取出派皮，鋪在烤模裡，用叉子於底部戳幾個洞。鋪上烘焙紙，並於烘焙紙上塞滿烘焙重石，放進預熱180℃的烤箱裡烤25分鐘。拿掉烘焙紙和烘焙重石後，在派皮上刷滿蛋液，然後再續烤5分鐘。

3　培根切成7～8mm寬的棒狀。平底鍋裡不放油，直接以小火熱炒培根。

4　乳酪刨成粗屑。大蒜切末。

5　番茄、櫛瓜和茄子都切成7mm厚的圓片備用。用橄欖油稍微炒一下櫛瓜和茄子（開大火縮短時間），加入鹽巴和胡椒調味。

6　將切掉油脂部位的培根、格呂耶爾乳酪、大蒜末撒在2上面。然後將事先拌勻的麵糊倒進去。

7　以交互方式將番茄、櫛瓜和茄子排在上面，然後撒上格呂耶爾乳酪。

8　放進預熱180℃的烤箱裡再烤30分鐘左右。趁熱享用。

Tarte parmentière au chèvre
山羊乳酪馬鈴薯派塔

材料（一個直徑18cm圓形塔模的分量）

冷凍派皮　1片（150g）
蛋　少許
格呂耶爾乳酪　40g

內餡

馬鈴薯　小3個
迷迭香　適量

麵糊
蛋　1顆（55g）
鮮奶油（乳脂肪含量47%）　100ml
山羊乳酪　50g
格呂耶爾乳酪　50g
大蒜　1瓣
鹽、胡椒、肉豆蔻　各適量

製作方法

1　將派皮擀成23cm的四方形，暫時先置於冰箱冷藏室裡。

2　自冰箱中取出派皮，鋪在烤模裡，用叉子於底部戳幾個洞。

3　馬鈴薯削皮切成5mm厚的圓片，鹽水（鹽多加點）沸騰時再丟進去汆燙3～4分鐘。大蒜連皮汆燙1分鐘。

4　蛋與鮮奶油拌在一起，加入用叉子背面稍微壓碎的山羊乳酪、刨成粗屑的格呂耶爾乳酪、大蒜末一起混合攪拌。視乳酪鹽分含量，加入適量的鹽、胡椒、肉豆蔻。

5　將馬鈴薯並排在2的烤模裡，並倒入4的麵糊。

6　撒上粗切的迷迭香和胡椒。

7　放進預熱180℃的烤箱裡烤30分鐘。趁熱享用。

＊要將派皮吻合地鋪在烤模裡，需要①先稍微將派皮向內摺，並仔細地塞入角落裡；②突出於烤模邊緣的派皮，用剪刀修剪整齊，這兩點非常重要。

Terrine de campagne

法式鄉村陶罐派

「Terrine」原是指具有耐熱效果的長型陶罐，用這種模型烘烤出來的料理就稱為陶罐派（Terrine）。而「Campagne」指的是鄉村風的意思。這次將為大家介紹利用身邊一些隨手可得的食材就能製作的陶罐派。搭配葡萄酒和法國長棍麵包，盡情享受一頓道地的法國料理。在烹飪教室裡，這道食譜相當受到歡迎與喜愛。

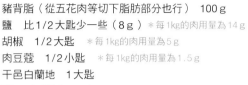

材料（1個17cm長的磅蛋糕烤模分量　約670㎖）

豬里肌和豬肩胛肉　共320g
雞肝　160g
豬背脂（從五花肉等切下脂肪部分也行）　100g
鹽　比1/2大匙少一些（8g）　＊每1kg的肉用量為14g
胡椒　1/2大匙　＊每1kg的肉用量為5g
肉豆蔻　1/2小匙　＊每1kg的肉用量為1.5g
干邑白蘭地　1大匙
蛋　1/3顆（20g）
麵包粉　比2大匙多一些
大蒜（磨成泥）　1小匙
百里香（乾燥）　2撮
開心果　40g
培根（片狀）　5～6片
百里香枝、月桂葉　各適量

製作方法

1　切下豬肉上的脂肪。

2　先用菜刀將脂肪切成5mm見方的小丁，然後搗碎，大約一半呈糊狀，一半呈粒狀。＊半冷凍狀態的豬肉會比較好處理。

3　瘦肉部分同樣切細碎，約一半分量用菜刀搗碎。＊也可以切大塊，保留口感。

4　雞肝部分先去除筋和血管，然後切細碎，約一半分量用菜刀搗碎。

5　加入鹽巴、胡椒和肉豆蔻，快速用手攪拌均勻。＊除冬季外，其餘季節請將調理碗浸泡在冰水裡。

6　加入干邑白蘭地、蛋液、麵包粉、大蒜泥、百里香葉混合拌勻。然後加入開心果（餡料完成）。

7　將片狀培根鋪在磅蛋糕烤模裡，然後將6的餡料填塞在裡面。先將角落填滿，接著倒入一半分量的餡料後，稍微壓平，之後再將剩餘的餡料全部倒進去。最後擺上百里香葉和月桂葉。模型底部和側面包上兩層錫箔紙，隔水加熱後再放進預熱160℃的烤箱裡烤1個小時左右＊不要加蓋。（以竹籤插一下，若滲出透明肉汁就完成了，或者內部溫度已達75℃。）

8　置於室溫下完全放涼後包上保鮮膜，再放進冰箱冷藏室裡一晚。

9　脫模後拿掉上面的百里香葉、月桂葉再切塊。盛盤時搭配一些醃黃瓜就大功告成了。
　　＊考量衛生問題，也為了使肉的組成更紮實，處理過程中要隨時保持低溫。

＊完全以保鮮膜包覆的情況下，可置於冰箱冷藏室裡保存4～5天。
＊無法一次吃完的話，先預留所需部分，其餘的冷凍起來。下次食用時，解凍後切大塊，搭配生菜做成沙拉，或者做成烤陶罐派也十分美味。

PLATS

主菜是正餐的主角，心滿意足地慢慢享用

一餐之中最主要的角色，當然非主菜莫屬。「因為今天買到了好吃的雞肉」、「今天想要挑戰一下這種食材」，這些都是除了品嘗美食以外所能帶給料理人的另外一種樂趣。

一般來說都是先決定主菜，再考慮前菜和甜點。舉例來說，主菜是肉類時，前菜就選魚肉（或相反）或蔬菜類。若主菜分量或口味偏重，製作甜點時就盡量避免使用麵糊，以輕食為主。

另外，在烹調方式上，若主菜需要於上桌之前才開始加熱處理，前菜部分可考慮賣市售的便菜來稍加調理即可。反之，若前菜需要費時烹調，主菜就盡量考慮以燉煮的方式處理。如此一來就不會過於手忙腳亂。料理人長時間待在廚房裡備菜、烹煮的話，享受美食的樂趣反而會因此減半。

Suprême de bar poêlé

燜煎花鱸

味道淡雅且細緻的高級魚－日本花鱸。這裡將為大家介紹如何將魚皮煎得又香又
酥脆的烹調方法，以及花鱸的最佳拍檔－酸味淋醬。
大家也可以改用鯛魚或三線磯鱸來烹調這道料理。

材料（2人份）

日本花鱸　2片
橄欖油　適量

底醬

白葡萄酒醋　2小匙
白葡萄酒　1又1/3大匙
橄欖油（Extra Virgin）　1大匙
法式第戎芥末醬　1小匙
洋蔥（切3mm見方小丁）　20g
醃黃瓜（切3mm見方小丁）　2根
酸豆（切粗粒）　1小匙
番茄　1/4顆
鹽、胡椒　各適量
a
蝦夷蔥（切蔥花）　4根
香芹（切末）　1大匙
蒔蘿（切末）　1大匙

馬鈴薯瓦片

馬鈴薯　1個
奶油　40g
鹽、胡椒　各適量

製作方法

◇底醬

1　番茄剝皮去籽，切5mm見方小丁。
2　小鍋裡倒入除了a以外的底醬材料，盛盤之前再沸騰一次，然後加入a的香草植物。

◇馬鈴薯瓦片

1　隔水加熱融化奶油，暫時靜置一旁。
2　只取沉澱物上方黃色清澈的奶油使用。
3　馬鈴薯削皮切絲備用。＊不要洗。
4　將清澈的奶油、鹽巴、胡椒和馬鈴薯絲攪拌在一起。
5　取一只鐵氟龍加工的平底鍋，將4的材料像圓瓦片狀般排列於鍋底。煎至兩面皆呈金黃色。

◇處理花鱸

1　用菜刀在花鱸魚皮上畫線，撒上鹽巴。靜置20分鐘左右。

2　用紙巾將滲出的水分確實擦乾。

3
魚皮上撒麵粉，放入已加熱、倒入油的平底鍋裡。魚皮那面朝下。為避免魚片捲曲變形，稍微按壓一下，先將魚皮煎硬。＊請不要按壓得太用力。

4　轉為小火，不時舀起鍋內的油澆淋在魚肉上。如果使用的是瓦斯爐，請燜煎10～15分鐘。如果使用烤箱，請以180℃的溫度烤數分鐘。

5　整體9分熟後翻面。取出置於紙巾上，吸附多餘的油脂。
將煎好的花鱸置於馬鈴薯瓦片上，在周圍淋上底醬。

◇另外一種盛盤方式

1　馬鈴薯切絲，稍微用水清洗一下，並確實擦乾水分。
2　油炸後撒上一些鹽巴。然後再將馬鈴薯絲擺在花鱸上。

＊花鱸買回來的當天立即烹調的話，煎烤後會曲縮得很厲害。建議先置於冰箱冷藏室1天。
＊要從盛盤時朝上的那一面開始煎。
＊家裡的平底鍋若能整個放進烤箱裡，建議使用烤箱烘烤，魚肉會烤得比較均勻。

Thon à la basquaise

巴斯克風味香煎鮪魚

巴斯克地區夏季盛產鮪魚。所謂
巴斯克風味，指的是使用番茄、
彩椒和大蒜一起烹煮的料理。此
外，番茄、綠色彩椒、洋蔥的顏
色正好就象徵著巴斯克地區旗幟
紅、綠、白的三個顏色。

材料（2人份）

鮪魚頰肉　2片
　　＊生魚片用魚塊的話約300g

橄欖油、鹽、胡椒　各適量

底醬
　洋蔥（切末）　小1/2個
　大蒜（切末）　1瓣
　彩椒（紅色·綠色）　各1/4個
　　※如果使用青椒，則改為1個。
　番茄　250g
　酸豆　15g
　百里香　適量
　醃黃瓜（切丁）　2根

製作方法

◇醬汁

1　彩椒切成6～7mm寬的棒狀。
2　番茄汆燙去皮，去籽切丁。方才取出的籽，以濾網
　　過篩，保留番茄汁液。
3　以橄欖油炒洋蔥，炒至出汁後加入大蒜。同時將1
　　的彩椒和2的番茄也一起加進去。
4　加入酸豆和百里香，續煮15分鐘左右。

◇鮪魚

1　用紙巾將鮪魚魚肉上的水分確實擦乾，抹鹽。在
　　大火加熱下的平底鍋裡倒入油，將鮪魚表面煎硬。
2　轉為小火，用紙巾將鍋裡多餘的油脂吸乾。＊不要
　　用力擦拭。
3　將醬汁淋在鮪魚上，蓋上紙鍋蓋，以小火續煮5分
　　鐘左右。
4　加入醃黃瓜，以鹽巴和胡椒調味。

Blancs de poulet cordon bleu

藍帶乳酪雞肉捲

藍帶乳酪雞肉捲原本並非法國料理，但現在已經完全融入法國家庭中。乳酪能否順利融化，是這道佳餚烹調過程中的一大樂趣。搭配乳酪雞肉捲的是招牌法式溫沙拉「四季豆溫沙拉」。

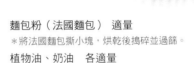

材料（2人份）

雞胸肉　1片（300ｇ）
火腿　2片
康堤乳酪（或格呂耶爾乳酪）　30〜40ｇ
芥末醬　適量
芝麻菜　適量
麵粉　適量

麵衣
| 蛋　1顆
| 植物油　1大匙
| 水　1大匙
| 鹽、胡椒　各少許

麵包粉（法國麵包）　適量
＊將法國麵包撕小塊，烘乾後搗碎並過篩。
植物油、奶油　各適量

四季豆溫沙拉
| 四季豆　50ｇ
| 橄欖油　適量
| 大蒜　1/4瓣
| 鹽、胡椒　各少許

製作方法

1 雞肉去皮，從正中間剖一刀不切斷，展開成一大片。

2 正反面各鋪上一層保鮮膜，小心地用肉錘拍打使肉片厚度均一且變大。

3 雞肉內側與外側撒上鹽巴和胡椒，並於內側下方薄薄塗抹一層芥末醬。擺上芝麻菜、火腿和2〜3片乳酪切片。

4 將肉片闔上確認開口處確實緊密合上，於雞胸肉外側用濾網撒上麵粉並拍掉多餘的麵粉。

5 將麵衣材料攪拌均勻，把4浸入，接著沾上麵包粉。
6 依麵粉、麵衣、麵包粉的順序再重覆一次。
7 將各一半分量的植物油和奶油倒入平底鍋裡，放入雞肉。蓋上鍋蓋以小火煎5分鐘左右。
8 均勻上色後翻面，蓋上鍋蓋續煎5分鐘。
9 用鹽水汆燙四季豆。

10 橄欖油倒入平底鍋裡加熱，接著放入大蒜末和四季豆。煮軟後以鹽巴和胡椒調味。最後與雞肉一起盛盤就完成了。

Fricassée de volaille

法式奶油燉雞

迷人的香氣，深不見底的滋味最適合用來形容這道法
式奶油燴雞料理。而這道料理同時也是法國家庭裡最
常見的燉煮料理。雖然製作雞高湯費時又費力，但我
個人認為相當有這個價值。

材料（2人份）

雞腿肉（帶骨） 1隻
雞胸肉（300ｇ） 1片
洋蔥（切末） 50ｇ
麵粉　比1大匙多一些
雞高湯（參考P95） 250㎖
鮮奶油（乳脂肪含量47%） 60㎖
鹽巴、胡椒　各適量

配菜

　小洋蔥　4個
　蘑菇　4～6個

＊以2倍量製作4人份料理時，僅雞高湯增加為400㎖，其餘材
料皆增加2倍。

奶油炊飯

米　200ｇ
洋蔥（切末）　80ｇ
奶油　30ｇ
水　300㎖
法國香草束　1束
四季豆　40ｇ
鹽　適量

製作方法

1 將奶油融化在燉鍋裡,洋蔥炒至出汁。

2 整體撒上麵粉,拌炒一下到看不見粉末狀。

3 兩種雞肉各自分成2等份,去筋和脂肪,撒上鹽巴。

4 在充分加熱後的平底鍋裡倒入油。從雞皮部位開始煎,煎到表面有稍微焦色。然後移至2的燉鍋裡。

5 用紙巾吸附平底鍋裡多餘的油脂,加點水溶釋鍋底的焦香精華,然後倒入燉鍋裡。接著倒入雞高湯,於小滾後加入小洋蔥。

6 蓋上鍋蓋轉小火,10分鐘後取出雞胸肉,置於火爐邊溫熱的地方。雞腿肉繼續以小火燜煮10〜15分鐘。＊絕對不要煮到冒泡大滾。

7 用刀子刺一下雞腿肉,確認雞肉是否變軟,變軟後即取出。

8 蘑菇放進留有煮汁的鍋裡,煮到水分收乾剩一半,確認煮汁是否有濃郁的鮮味。

9 加入鮮奶油。再將雞腿肉和雞胸肉(切成適當大小)放回鍋裡加熱一下,以鹽巴和胡椒調味。

＊燉煮料理要成功,切記絕對不能讓湯汁大滾！食材的水分全蒸發的話,會變乾變硬,之後就算再怎麼細心調理,也無法恢復軟嫩的口感。這點務必特別留意！

◇奶油炊飯

1 以濾網洗米,瀝乾水分。

2 用奶油將切末洋蔥炒至出汁。倒入洗好的米,拌炒至米粒變半透明(注意米粒容易沾黏在鍋壁)。

3 加水、香草束和少許鹽巴。蓋上鍋子,沸騰後轉小火,續煮12分鐘左右。熄火後置於火爐上,用餘溫燜15分鐘。

4 四季豆切5mm見方小丁。稍微用鹽水汆燙一下。

5 米熟後稍微拌開,加入四季豆並以鹽巴調味。

Column

關於法式奶油燉雞

法國家庭料理中的招牌菜「Fricassée」,是我相當喜歡的料理。說它是燉煮料理中我最愛的一道菜也不為過。

從雞骨萃取出高湯,再用來熬煮雞肉,那種美味自然不在話下。燉煮軟嫩的雞肉凝聚出擁有深厚風味的醬汁,搭配炊飯享用更是與眾不同。或許就是為了品嘗這樣的炊飯,才讓我想要烹煮這道奶油燉雞料理。

料理課後,我的一名學生,一位家中有女兒的媽媽,她寫了一封信給我。

「我想要從採買土雞的雞骨開始烹調這道料理,雖然費時又費工夫,但我想土雞熬煮出來的高湯肯定不同於市售雞骨高湯烹煮的味道。因為想讓女兒們品嘗這種從高湯開始準備的獨特風味,所以我努力嘗試做看看。雖然這麼說有點自我滿足的感覺,但我覺得最後的成果相當不錯。

希望讓女兒品嘗這種從高湯開始熬煮的好滋味,這封信深深打動我的心。現代人相當忙碌,三餐以市售便菜取代是家常便飯的事。但偶爾想用心烹調一頓料理的想法其實是很棒的。同時希望讓下一代瞭解並品嘗各種食材的不同風味,這種思維更是令人讚賞。

為了家人,從拼命找新鮮食材開始,花時間耐心烹煮,最後一家人圍著飯桌一起享用。賢慧又溫暖的母愛已透露在字裡行間。

每當從學生那裡聽到這樣的話題,都會讓我由衷地感到欣喜。

Poulet aux marrons en croûte de sel

鹽焗栗子雞

聖誕節餐桌上常見一整隻的
烤雞，這次以鹽焗方式來烘
烤塞滿香甜栗子的全雞。敲
碎剝開厚厚一層鹽巴的瞬
間，撲鼻而來的香氣肯定令
大家驚呼聲連連。一種溫醇
的鹽味縈繞在身邊。而填塞
在雞肚子裡的餡料則是另外
一種令人驚艷的樂趣。

材料（4人份）

全雞　1隻（1.2kg）
鹽　1.5kg
蛋白　150g
迷迭香、紅胡椒、黑胡椒（顆粒）
　各適量

填料
　栗子　150g
　＊蒸過的冷凍栗子或天津甜栗也可以。
　蘑菇　40g
　豬絞肉　80g
　鮮奶油　1大匙
　麵包粉　2大匙
　蛋　1/2顆
　香芹（切末）　1大匙
　鹽、胡椒、肉豆蔻　各適量
　百里香葉、月桂葉　各適量

製作方法

◇全雞備料

1 切去連著雞尾的黃色腺體。留下頸部雞皮，將雞頸骨切短。

2 拿掉Ｖ型鎖骨（這是為了烤熟後方便處理雞胸肉）。

3 用菜刀從關節處將雞翅切下來。

4 雞爪也切下來。

5 將頸部的雞皮縫合在背部，或者用牙籤固定。

6 平底鍋裡倒入油，將全雞煎到表面上色。這個步驟中暫時不加鹽巴和胡椒。由於整隻雞比較重，翻面轉動時要小心別燙傷。

◇填料

1 栗子對半切；蘑菇切片備用。

2 將豬絞肉、鮮奶油、麵包粉、蛋、香芹末、鹽巴、胡椒、肉豆蔻混合拌勻。取少量置於平底鍋裡炒一下，確認味道。

3 調整好味道後，與1的栗子、蘑菇拌在一起。

◇鹽焗栗子雞

1 先擦拭掉表面的油脂，然後抹上胡椒。將鹽巴和胡椒撒在雞的內部，接著是百里香、月桂葉，最後是填料。

2 將腹部稍微縫合起來。用牙籤固定也可以。

3 在鹽巴裡加入蛋白攪拌均勻，用手稍微搓揉一下。加入迷迭香一起拌勻。

4 烤盤上鋪一層烘焙紙。先倒入薄薄一層鹽巴當作底座，然後將雞擺在上頭。

5 雞的四周圍全裹上鹽巴。

◇切開方式

1 輕敲表面，剝下裹在外層的鹽巴，並剔除雞腿骨。從膝關節處下刀，將雞腿切下來。

2 將刀子輕輕插入胸骨的軟骨部位。

3 沿著軟骨切開左右兩側的雞胸肉，雞胸肉可以再各自分為兩塊。

4 取出裡面的填料。

6 在鹽巴表面填入紅胡椒和黑胡椒（顆粒）。放進預熱180℃的烤箱裡烤1小時。

＊全雞裹上鹽巴之前，請將表面的油脂確實擦拭乾淨。若不先擦拭油脂，鹽巴無法均勻包覆在雞皮上，出爐後敲開外層鹽巴，仍有殘留的部位會變得很死鹹。

Choux farcis braisés

法式煨高麗菜肉捲（蒸煮）

簡單說就是法國版的高麗菜捲。這是法國中部奧弗涅地區的鄉土料理，原本是做成像整顆高麗菜的大小，大家一起分著吃。在當地享用這道佳餚時，切開時裡面竟然還有米飯，真叫人驚艷。

材料（2人份）

高麗菜外側葉片　2片
切片培根　1片

內餡

綜合絞肉（或豬絞肉）　120g
洋蔥（切末）　60g
大蒜（切末）　1/2瓣
百里香　1撮
米　12g（比1大匙少一些）
＊冷飯30g（約2大匙）也可以。

蛋　1/3顆（20g）
香芹（切末）　1大匙
鹽、胡椒　各適量

蒸煮食材

培根（5mm寬）　切片2片
洋蔥（切末）　3大匙
紅蘿蔔（切丁5mm見方）　3大匙
芹菜（切丁5mm見方）　3大匙
雞高湯（參考P95）　200ml　＊水也可以。
奶油、鹽、胡椒　各適量
法國香草束　1束

配菜

紅蘿蔔（橄欖球形狀）　2個
蕪菁或白蘿蔔（橄欖球形狀）　2個
馬鈴薯（橄欖球形狀）　2個
櫛瓜（橄欖球形狀）　2個
＊橄欖球形狀大約是5cm長。

製作方法

◇煨高麗菜捲

1 小心地將高麗菜一葉一葉剝下來，用鹽水汆燙3分鐘左右。確實擦乾葉片上的水分。

2 將洋蔥末和大蒜末，用奶油炒至出汁，加入百里香後放涼備用。這是之後要包在高麗菜內的餡料。

3 熱水加熱至沸騰，加入少許鹽巴和油，然後將白米放進去煮10分鐘左右。＊米芯沒有煮透沒關係。

4 將鹽巴與胡椒放進絞肉裡混合拌勻。接著再與2的洋蔥與3的米、蛋液、香芹拌在一起（內餡完成）。

5 取少量4放進平底鍋裡熱炒以確認味道，必要時加鹽和胡椒調味。將所有餡料分成2等份。

6 切掉高麗菜心的部分，然後對半切。

7 將兩片高麗菜葉鋪在一起，外圍的部分重疊。

8 將一半的內餡搓圓放在葉片重疊的部位。將兩側多餘的葉片切掉。

9 取一片切下來的多餘葉片擺在餡料上。另外一半的內餡，取2/3分量搓圓，擺在葉片上。

10 再擺上另外一片多餘的葉片，然後將最後1/3分量的內餡搓圓後擺上去，形成一個金字塔的形狀。

11 用高麗菜葉片將整個內餡包起來，並調整成圓形。

12 將培根對半切成長條，纏繞在11的側邊，然後用棉線輕輕綁起來。

◇蒸煮

1 將培根與洋蔥放入較大的平底鍋裡，用奶油慢慢炒至出汁，大約10～15分鐘。

2 加入紅蘿蔔和芹菜。

3 倒入雞高湯、香草束，稍微撒上鹽巴和胡椒。將高麗菜捲擺入鍋裡，澆淋汁液。汁液沸騰後蓋上鍋蓋。

4 連同蓋子放進預熱180℃的烤箱裡15分鐘左右（使用瓦斯爐的話，以小火燜15分鐘）。用金屬籤刺一下，滲出的汁液呈透明顏色時就完成了。

5 取出高麗菜捲置於器皿上，擺在火爐邊溫熱的地方。開大火繼續熬煮汁液到稍微收乾，以鹽巴和胡椒調味。

◇配菜

1 將4種蔬菜各自削成橄欖球形。

2 紅蘿蔔和蕪菁各自以晶面技法處理（小鍋裡加水蓋過食材，放入砂糖、少許鹽巴、1片奶油，煮到軟）。水分幾乎收乾時，輕輕翻動食材使食材每一面都呈現光澤。

3 馬鈴薯和櫛瓜則各自以鹽水汆燙。

＊沒有高湯時，將蒸煮食材中的培根增加至50ｇ，並以水取代。（口味會較為清爽）。或者使用市售的粉末清湯。
＊多裹幾層高麗菜會比較美味。左頁照片中使用的是皺葉甘藍。

Travers de porc laqués au miel

蜜汁烤豬肋排

法文「laqués」指的是「有光澤」的意思。法國家庭料理中的「肋排laqués」，對我而言可說是一種「法式照燒」。

材料（2人份）

豬肋排　500g
植物油　適量

醃漬液
　蜂蜜　2又1/3大匙（50g）
　紅葡萄酒醋　2大匙
　橄欖油　2大匙
　醬油　2大匙
　四香料＊　1小匙
　大蒜（切末）2瓣

　＊四香料（Quatre Épices）是指胡椒、肉豆蔻、丁香、肉桂或生薑的綜合香料。市面上買得到，但沒有的話，可以使用家裡現有的香料就好。

配菜
　蘋果　1顆
　奶油、鹽、胡椒　各適量

馬鈴薯泥
　馬鈴薯　2個（200g）
　奶油　20g
　牛奶　100ml
　鹽、肉豆蔻　各適量

製作方法

1　將醃漬液的材料放進調理碗裡，以溫水隔水加溫的方式溶解蜂蜜。

2　將豬肋排浸漬在1的醃漬液裡，在常溫下醃漬30分鐘～1小時。過程中要數度翻面，使整個豬肋排都能浸漬在醃漬液裡。＊要注意浸漬時間過久的話，豬肋排會太甜。

3　加熱平底鍋並稍微讓油遍布鍋底，微煎一下豬肋排，記得要翻面。

4　放進預熱180℃的烤箱裡20分鐘。每隔5分鐘澆淋一次剩餘的醃漬液並翻面。
　＊以平底鍋置於瓦斯爐上燜煎的話，需開小火並蓋上鍋蓋。後半段時間請掀蓋煎。

◇配菜

1　蘋果削皮去核切瓣。

2　以平底鍋加熱奶油，將蘋果煎至上色，加鹽巴和胡椒。

◇馬鈴薯泥

1　馬鈴薯以鹽水汆燙後去皮，用濾網將馬鈴薯壓成泥。＊鹽多放一點。

2　奶油切丁與1攪拌在一起。＊要趁熱迅速處理。

3　溫熱牛奶，邊攪拌邊慢慢加進2裡面，加入8成就好。

4　以鹽巴、肉豆蔻調味。＊可依個人喜好添加胡椒或鮮奶油。

5　上桌前以剩餘的牛奶調整軟硬度，希望馬鈴薯泥充滿膨鬆感的話，可使用橡皮刮刀稍微攪拌一下。
　＊上桌前若還有充裕的時間，可用隔水加熱方式稍微加溫。

Potée

蔬菜燉肉

豬肉經鹽漬處理（鹽漬豬肉
petit salé）會有提鮮和提味
的作用。將鹽漬豬肉和蔬菜
一起燉煮的蔬菜燉肉，雖然
味道樸實，但這種美味卻會
慢慢滲透至全身。

材料（3人份）

豬五花　250 g
豬肩胛肉　250 g
鹽、砂糖、胡椒　各適量
水　1.5 ℓ
法國香草束　1束
洋蔥　1/2個
丁香　1個
紅蘿蔔（橄欖球狀）　1根分量
白蘿蔔（橄欖球狀）　150 g（7 cm）
芹菜　1株
高麗菜　1/6顆
馬鈴薯　2個
法式第戎芥末醬　適量

製作方法

◇鹽漬豬肉

1　用豬肉百分之2重量的鹽巴（250 g的話是5 g）、
　　百分之一重量的砂糖（2.5 g）、百分之0.2重量的
　　胡椒（0.5 g）抹在豬肉上，然後用保鮮膜包覆起
　　來。＊不要過度徒手揉搓。

2　裝進密封袋裡，置於冰箱冷藏室4～5天。不時上下
　　翻動一下。＊靜置1天也可以。

3　取出肉片，清洗乾淨。

◇蔬菜燉肉

1　鍋裡放水（肉片重量的3倍左右），加進鹽漬豬肉和
　　香草束。＊目前暫不加鹽巴。

2　開大火加熱至沸騰，確實撈起肉渣。轉小火繼續煮
　　2小時（a）。

3　將丁香刺入洋蔥裡，連同削成橄欖球狀的紅蘿蔔、
　　白蘿蔔、切成棒狀的芹菜一起放入1裡面，以小火
　　續煮30分鐘左右（b）。

4　馬鈴薯削皮，切成適當大小，取另外一只鍋子汆
　　燙。快熟時加鹽巴。

5　切瓣的高麗菜加入3裡面稍微煮一下後，加入馬鈴
　　薯溫熱一下。以鹽巴和胡椒調味。

6　依人數分切豬肉，與蔬菜一起盛在有深度的盤子
　　中。並附上一小盤法式第戎芥末醬。

a　　　　　　　　　　b

法式燉扁豆鹽漬豬肉

扁豆既有好滋味又無需事先泡水，是非常好用的食材之一。一般常與培根搭配入菜。無論煮到軟爛或維持一整顆的外型都非常美味。

材料（4人份）

豬肩胛肉　250g（約2cm厚1片）
培根（塊狀）　200g
香腸　2根
綠扁豆　200g
水　600ml
法國香草束　1束
番茄　1顆
洋蔥　小1/2個
芹菜　1株
紅蘿蔔　1根
香芹（切末）　適量
植物油、鹽、胡椒　各適量

製作方法

1 豬肉抹鹽，放進倒入油的法國烤鍋（Cocotte）裡，開小火煮至上色（a）。＊勿開大火。這個步驟會決定豬肉的鮮味，務必特別留意。

2 加入塊狀培根、稍微清洗過的扁豆、水（無法蓋過豬肉的話，稍微添加一些）、香草束（b），沸騰後撈起肉渣浮末。撒些鹽巴，蓋上鍋蓋後以小火續煮20分鐘。

3 番茄汆燙後去皮，切1cm見方的小塊、洋蔥切瓣、芹菜去除粗纖維切段，約4～5cm長。紅蘿蔔切厚圓片並削去邊角備用。

4 將蔬菜和香腸放進裝有扁豆的鍋子裡（c）。拿掉鍋蓋後再煮20分鐘。

5 扁豆軟了之後以鹽巴和胡椒調味，撒上香芹。

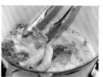
a

b

c

＊這個食譜中使用的是法國勒皮昂韋萊產的綠扁豆。如果使用的是烹煮時間更短的食材，請精算一下時間，提早將蔬菜和香腸放進鍋裡。

材料（4人份）

豬肩胛肉（塊狀） 600g
鹽、植物油、奶油 各適量
馬鈴薯 小4個

淋醬
　調味蔬菜（洋蔥、紅蘿蔔、芹菜等切
　　丁） 共100g
　大蒜 1瓣
　白葡萄酒 150ml
　法國香草束 1束
　芥末籽醬 1又1/2～2大匙
　鮮奶油（乳脂肪含量47%） 50ml
　鹽、胡椒 各適量

製作方法

1 豬肉恢復常溫。整體抹上鹽巴，
　用棉線捆綁起來。

2 以中火熱鍋並倒入油，將豬肉表
　面慢慢煎硬。

3 用紙巾吸乾豬肉滲出的油脂
　（a）。＊不要擦拭鍋底的精華。

4 將調味蔬菜分成2等份，加入剃
　除芽的大蒜一起拌炒（b）。

5 加入白葡萄酒、削皮馬鈴薯、香
　草束。

6 沸騰後將奶油置於豬肉上（c），
　蓋上鍋蓋，放進預熱130℃的烤
　箱裡。烘烤過程中上下翻動豬
　肉，約1個小時左右（d）。

7 取出馬鈴薯和豬肉，用紙巾蓋住
　豬肉並置於溫熱的地方，不時輕
　輕翻動一下豬肉。滲出的肉汁就
　加進淋醬中。

8 煮沸6、7鍋中的汁液，煮到汁液
　收乾至一半左右。

9 取少量8，加入芥末籽醬充分攪
　拌，然後再倒回8的淋醬裡。加
　入鮮奶油、鹽巴、胡椒。

10 豬肉切薄片盛盤，淋上醬汁並擺
　　上幾塊馬鈴薯。

Braisé de porc à la moutarde

法式煨豬肉佐芥末籽醬

在各種活動與烹飪教室裡，這是一道出現率極高的料理。能夠享用煨豬肉那種入口即化的軟嫩感。而作為淋醬的芥末籽醬也功不可沒！

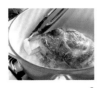

a　　　　b　　　　c　　　　d

＊整個過程中只使用瓦斯爐的話，請
　務必蓋好鍋蓋，以極小火燜煮50分
　鐘左右。隨時檢查一下，若鍋內的
　水太少，請適時補充一些。

Mijoté de bœuf au vin rouge

紅酒燉牛肉

對於部分肉質較硬的牛肉，只需要事先醃漬再以小火慢燉，同樣能變得軟嫩又美味。除肩肉外，將肩五花、五花、肩胛骨內側肉、脛肉等混在一起，能使味道更具層次感。

材料（2人份）

牛肩肉　400 g
植物油　適量

醃漬液

紅葡萄酒
　（Full Body 濃厚）　250㎖
洋蔥　120 g
紅蘿蔔　50 g
芹菜　1/2株
大蒜　1瓣
法國香草束　1束
干邑白蘭地　1大匙

燉煮材料

醃漬用調味蔬菜
醃漬用紅葡萄酒
番茄　1個（150 g）
培根（切成棒狀）　50 g
奶油　1大匙
干邑白蘭地　1大匙
麵粉　比1大匙少一些
植物油、鹽、胡椒　各適量
水　50㎖（製作2倍分量時則不需要水）

配菜

塊狀培根（切成棒狀）　50 g
蘑菇　適量
香芹（切末）　1大匙

＊建議醃漬2晚，香氣會比醃漬1晚來得撲鼻且更有深度。
＊燉煮時切記不可冒泡大滾。大滾會使肉質變乾。
＊鍋子太大易使水分蒸發得過快而導致容易沸騰大滾。

製作方法

◇醃漬液

1　牛肉切成4～5 cm的塊狀。放入調理碗裡後淋上紅葡萄酒、干邑白蘭地。

2　加入切大塊的洋蔥、紅蘿蔔、芹菜、剔除芽的大蒜、香草束，以保鮮膜包覆起來，置於冰箱冷藏室醃漬一晚。不時攪拌一下。

◇燉煮

1　將醃漬液中的食材瀝去外部水分，將肉、蔬菜、葡萄酒各自分開盛裝。

2　取一只燉煮用的鍋子，加入奶油，以小火拌炒調味蔬菜至出汁，加入培根一起炒。至鍋底汁液上色，大約15分鐘。

3　擦乾牛肉上的水分後撒上鹽巴，開中大火，並在平底鍋裡倒入油，將牛肉煎至表面上色。
　＊將牛肉分2次加進去，才能煎出漂亮的顏色。

4　將牛肉放進2的燉煮鍋裡。3的平底鍋則倒入干邑白蘭地溶釋鍋底的焦香精華，然後再倒進燉煮鍋裡。

5　從上方撒麵粉，放進烤箱裡2～3分鐘後攪拌均勻（只有瓦斯爐的話，就在鍋中翻炒食材後再拌勻）。

6　作為醃漬液使用的葡萄酒、香草束以及番茄（隨意切塊）加入水後加熱。加一些鹽巴和胡椒。

7　沸騰後撈起浮末，蓋上蓋子放進預熱180℃的烤箱裡2小時左右。必要時加少量水，注意不要讓鍋底食材燒焦。使用瓦斯爐的話，蓋上鍋蓋以極小火燜煮2～2.5小時。注意不要讓醬汁大滾。

8　在這段期間，取平底鍋拌炒配菜用的培根（平底鍋不放油）。以培根釋出的油和奶油（分量外）拌炒蘑菇。

9　牛肉變軟後取出，將鍋內的燉煮醬汁以網篩過濾。煮沸過濾後的醬汁，撈除浮在表面的油脂，煮至醬汁幾乎收乾，視情況調整濃稠度。

10　將牛肉放回鍋裡，加入8，以鹽巴和胡椒調味。最後撒上切末的香芹。

Pavé de bœuf pôelé

香煎牛後腿排

臀肉（Rump）是牛後腿部中較為軟嫩的部位。只要選擇油花如網狀分布的肉片，就能烹調出能同時享用瘦肉與油花兩種美味的牛排。為了提味，也將當天要飲用的紅葡萄酒加一點在醬汁裡！

材料（2人份）

牛腿肉　200ｇ（臀肉1片）
鹽、胡椒　各適量
芹菜葉（不裹粉直接油炸）
　黑胡椒（粗切）
　蝦夷蔥（切蔥花）
　蓋朗德鹽之花　各適量
植物油　適量

馬鈴薯泥（製作方法參考P70）
　馬鈴薯　大1個（150ｇ）
　奶油　12ｇ
　牛奶　90㎖
　鹽、肉豆蔻　各適量

沾醬
　巴薩米可醋　2大匙
　紅葡萄酒　4大匙
　奶油（1㎝塊狀）　2塊

製作方法

1　牛腿肉置於室溫下恢復常溫，抹上鹽巴。
　　＊在這個步驟中加胡椒的話，容易因為燒焦而失去香味。

2　平底鍋裡倒入油，以小火先煎一面（想呈現比較美觀的那一面）。上色後翻面，擺上奶油（a）。不時舀起旁邊的油脂澆淋在腿肉上。

3　以手指按壓確認一下，兩面差不多一樣熟時（b），用夾子立起肉塊，稍微煎一下側邊（c）。

4　取出肉塊，撒上胡椒後用錫箔紙蓋起來，暫時置於溫熱地方（d）。偶爾翻面一下，整體淋上肉汁。

5　製作沾醬。用紙巾吸附剛才煎肉的平底鍋裡的油脂。＊不要用擦拭的方式。

6　先加入巴薩米可醋，接著是紅葡萄酒。沸騰後以木製攪拌匙輕刮鍋底，讓焦香精華浮出來。

7　取另外一只小鍋，並使用小過濾網過篩6，繼續熬煮沾醬。將4滲出的肉汁也一起加進去。加鹽巴和胡椒，最後將切塊奶油（冷藏）一起加進去，使用攪拌器攪拌均勻。

8　腿肉切片，盛裝於器皿上。將沾醬與馬鈴薯泥裝飾於一旁。

◇裝飾

1　不裹粉油炸芹菜葉，撒上一些鹽巴。

2　黑胡椒搗碎或粗切處理。

3　撒上蝦夷蔥蔥花和蓋朗德鹽之花。

a

b

c

d

DESSERTS

完美的結尾，少不了甜點

製作甜點可以同時擁有多重享受，加熱的水果香甜美味、冷熱交錯的美妙口感組合，以及裝飾各種淋醬的樂趣。

這裡的甜點指的是為了與眼前的人共享「當下的瞬間」所端上的甜品。因此，會與陳列在一般蛋糕甜點店裡的品項不盡相同。另外，對法國人來說，並沒有最後要選擇「酒或甜點」這樣的問題，一餐飯後一定會以甜點作為結尾。

我在飯後一定要來點甜食，或許就是因為這樣的緣故吧！

Fraises au champagne

草莓佐香檳酒

雖然有些費功夫，但將草莓浸泡在
香檳酒裡，香檳酒的香甜味會滲入
草莓中，而草莓的美麗色彩與芳香
也會暈染香檳酒。

材料（2人份）

草莓　150 g
香檳酒　4大匙
薄荷、蛋白、精白砂糖　各適量

浸泡液材料
精白砂糖　1又1/3大匙
香檳酒　2大匙

製作方法

1　洗淨草莓，切成2～4等份。
2　將浸泡液材料淋在草莓上，放進
　　冰箱冷藏室1個小時左右。不時上
　　下翻動一下。
3　用刷毛沾取蛋白薄薄地塗抹在薄
　　荷葉上，並撒上精白砂糖。置於
　　常溫下自然乾燥。
4　草莓盛裝於器皿裡，倒入少許浸
　　泡液。接著緩緩注入香檳酒，最
　　後再以薄荷葉裝飾。

白巧克力飾片

通常巧克力需要事先經過調溫處理，但這裡將教大家如何使用市售巧克
力輕鬆製作巧克力飾片。

1　取30 g白巧克力以溫水隔水加熱的方式
　　融化，注意不要超過32℃。如手邊沒有
　　溫度計，就加熱至巧克力差不多快融化
　　完的程度就好。若有稍微加熱過度的情
　　況，徹底攪拌有助於穩定溫度。
2　鋪一層硬質塑膠膜，用刀子將白巧克力
　　抹在塑膠膜上，再以叉子在巧克力上畫
　　線。

3　連同塑膠膜一起彎曲塑形，置於冰箱冷
　　藏室1個小時以上。＊靜置一段時間，形
　　狀會比較穩定。
4　凝固之後撕掉塑膠膜，取下巧克力。

Verrine citron vert-ananas

萊姆凍鳳梨甜點杯

甜點杯的好處是可以微調明膠的硬度。滑潤且入口即化的好滋味，是最適合夏季的甜點單品。

材料（2杯份）

果凍
萊姆汁　1又2/3大匙
　（25㎖）
水　5大匙（75㎖）
精白砂糖　2大匙（24ｇ）
片狀明膠　1.5ｇ
萊姆果皮（刨成屑）　少許

糖漬鳳梨
鳳梨　約1/6個（100ｇ）
水　100㎖
精白砂糖　3大匙（36ｇ）
薄荷　適量

＊不同廠牌的片狀明膠硬度各有些許不同，請依烹調情況自行調整。
＊這道食譜是設定明膠使用量為標準量（盒上標示）的6成，並於冰箱冷藏2～3小時後食用（1小時無法完全凝固）。另外，也必須考慮到明膠於十多個小時後會逐漸變硬的特性。

製作方法

◇果凍

1　將片狀明膠浸泡在足夠的冰水（分量外）裡使其充分膨脹。

2　萊姆汁與水加在一起，取一半分量與砂糖一起倒入小鍋裡。稍微加熱一下並充分攪拌使砂糖溶解。
　＊不要加熱至沸騰。

3　將瀝乾水的明膠加進去一起攪拌。

4　將剩下的果汁與3的明膠液攪拌在一起，撒一些刨成屑的萊姆皮。

5　注入玻璃杯裡，放涼後置於冰箱冷藏室凝固。

◇糖漬鳳梨

1　鳳梨削皮去芯，切成5㎜寬棒狀。

2　砂糖放入水裡煮沸。放入鳳梨和薄荷後立即熄火，稍微放涼後，放進冰箱冷藏室裡冰鎮。

3　取出增添香氣用的薄荷，加入新的切絲薄荷後攪拌均勻。

4　盛裝在果凍上。

Limonade glacée
檸檬雪酪

炙熱太陽發揮威力的盛夏期間,為了慰勞前來參加甜點課程的學生們,我每年都會教大家製作不同的雪酪。注入冰鎮白葡萄酒或氣泡酒,瞬間就變身成可以促進食慾的餐前酒。

材料(6人份)

檸檬汁　50㎖
葡萄柚汁　50㎖
水　130㎖
牛奶　90㎖
水飴　50g
精白砂糖　80g
氣泡水　適量　＊推薦使用 Perrier 沛綠雅氣泡水。
檸檬(切片)、薄荷　各適量

製作方法

1　先將氣泡水和玻璃杯置於冰箱冷藏室裡冰鎮。
2　將水、牛奶、水飴、砂糖放進鍋裡加熱至沸騰。
3　2的糖漿冷卻後和果汁攪拌在一起。
4　充分冷卻後用冰淇淋機打成雪酪。若沒有雪酪機,可參考下表製作雪酪。
5　雪酪倒入杯裡並放進冰箱冷凍庫。
6　確實結凍後,緩緩注入氣泡水。
7　以檸檬和薄荷裝飾。

雪酪製作方法〔沒有冰淇淋機時〕

〈方法1〉
加熱食材至溶解,然後加入果汁(上記3),倒入調理盤裡置於冰箱冷凍庫。凝固後以叉子鏟碎,再次放進冷凍庫裡。重覆數次同樣的步驟。

〈方法2〉
凝固後倒入食物調理機打成雪酪也可以。以食物調理機處理的情況下,成品會較為黏糊,如果時間充裕的話,可再次冷凍後再以食物調理機打成雪酪,口感會變得較為滑順。

Fruits tropicaux, cappuccino
à la banane

熱帶水果
佐香蕉卡布奇諾

可以選用任何一種夏季的熱帶水果。處理香蕉卡布
奇諾時，可以直接用冰涼的牛奶打泡，但如果先稍
微加熱一下，泡沫能夠持續較久的時間。

材料（2人份）

芒果雪酪
芒果（原味） 200g
水 100㎖
精白砂糖 3大匙
水飴 30g
檸檬汁 2小匙

香蕉卡布奇諾
香蕉（熟透） 40g
牛奶 150㎖
精白砂糖 1大匙
香草籽 少許

熱帶水果
鳳梨、芒果、奇異果、
木瓜等 共200g

鳳梨乾
鳳梨
水 80㎖
精白砂糖 120g
檸檬汁 比1小匙少一些

製作方法

◇鳳梨乾（裝飾用）

1 鳳梨削皮，切成薄片（非常薄）。
2 將水、砂糖一起煮至沸騰，放涼後倒入檸檬汁。將
1的鳳梨浸泡在裡面3分鐘左右。
3 擦乾後放進預熱80～90℃的烤箱裡烘乾1.5小時。

◇雪酪

1 芒果切丁。
2 將水、砂糖、水飴放進鍋裡煮沸。放入芒果後，於
再次沸騰時熄火。置於一旁放涼。
3 放入食物調理機裡打成泥，用濾網過篩後加入檸檬
汁。
4 確實冷卻後以冰淇淋機打成雪酪。
5 沒有冰淇淋機的話，請參考P80，放進冷凍庫裡結
凍。

◇組合

1 熱帶水果切成8～10㎜小丁，攪拌在一起。舀入玻
璃杯中，放進冰箱冷藏室裡冰鎮。
2 準備卡布奇諾。香蕉剝皮，用叉子壓成泥狀。加
入牛奶、砂糖、香草籽（切開香草莢，取出香草
籽）。開小火加熱，注意不要煮至沸騰，稍微加溫
後放進冰箱冷藏室裡冷卻（5℃左右）。
3 將雪酪擺在1的玻璃杯裡，再以鳳梨乾裝飾。
4 打發2，再緩緩注入3裡。

Douceur yaourt à la compote de mangue

優格佐糖漬芒果

法國甜點常使用白乳酪，但在這裡試著以去水優格取代白乳酪來製作這道夏季甜點。

材料（2人份）

優格　200g→去水後剩100g
鮮奶油（乳脂肪含量35％）　4大匙
　（60ml）＊47％的話則改為50ml
精白砂糖　1又2/3大匙
檸檬汁　1小匙
檸檬皮　1/2個分量

糖漬芒果
　芒果　1/2顆（150g）
　檸檬汁　1又1/3～1又2/3大匙
　精白砂糖　1又2/3大匙
　香草莢　1/4枝
　粉圓（極小顆）　2小匙

裝飾
　杏仁　少許
　黑莓　2顆
　薄荷　少許

製作方法

1　將200g的優格倒入咖啡濾紙中（廚房紙巾也可以），置於冰箱冷藏室裡脫去水分（3個小時左右）。這個步驟是準備100g的去水優格。

2　加入砂糖、檸檬汁、刨屑檸檬皮並攪拌均勻。

3　取另外一只調理碗，打發鮮奶油，與2的優格加在一起並稍微切拌一下。置於冰箱冷藏室裡冰鎮。

◇糖漬芒果

1　小鍋裡放入切成1cm小丁的芒果、檸檬汁、砂糖、香草莢（剖開後挖出香草籽），加熱至稍微煮沸。放涼後置於冰箱冷藏室冷卻。

2　試味道，加檸檬汁至確實感覺得到酸味為止。
　＊添加量依芒果的熟度而有所不同。

3　水煮粉圓15分鐘左右，以濾網過篩。放涼後倒入2的糖漬汁液裡。

◇組合

1　用烤箱烘烤一下杏仁，放涼後用菜刀切碎。

2　將糖漬芒果盛裝在稍有深度的器皿裡。

3　用沾熱水的湯匙將優格塑型為橢圓形（請參考P87），置於器皿正中央。

4　撒上杏仁碎片，最後以黑莓、薄荷裝飾。

盛裝於玻璃杯裡時，也可以使用一些紅色水果裝飾。杯底可事先倒入一些樹莓泥。

Blanc-manger

奶凍

法文的「Blanc-manger」指的是「白色食物」，是誕生於中世紀的甜點。使用最少量的明膠固定形狀，可享用滑溜又入口即化的口感，淡淡杏仁香令人回味無窮。

材料（布丁烤模4～5個分量）

杏仁（杏仁片或杏仁碎粒）　120g
牛奶　350㎖
精白砂糖　5大匙（60g）
片狀明膠　4g
鮮奶油（乳脂肪含量35%）　120㎖
杏仁利口酒　2小匙
＊苦杏仁風味的義大利利口酒。不用也可以。

裝飾
| 草莓　適量
| 薔薇花瓣（食用）、蛋白、精白砂糖
　　各適量

製作方法

◇裝飾

1　用刷毛將蛋白塗抹在薔薇花瓣上，撒上精白砂糖後置於常溫下自然乾燥。

2　部分草莓過篩壓成汁，必要時加些砂糖。其餘的切片並置於冰箱冷藏室。

◇奶凍

1　將片狀明膠浸泡在足夠的冰水（分量外）裡使其充分膨脹。

2　鍋裡倒入杏仁、牛奶和砂糖，輕輕攪拌並以中火加熱。煮沸後轉為小火續煮3分鐘，熄火後蓋上鍋蓋燜3分鐘。使用濾孔較細的錐形過濾網過篩，將材料倒入過濾網後，取一支大湯杓從上方用力向下壓擠。

3　將瀝乾後的片狀明膠加入過濾後的液體中，使用攪拌器充分攪拌均勻。

4　稍微放涼後加入杏仁利口酒，邊攪拌邊置於冰水上隔水冷卻。

5　攪拌至有些黏糊後，加入一半已打發的鮮奶油，然後以攪拌器攪拌均勻。之後再將剩餘的鮮奶油也加進去，用橡皮刮刀拌勻。

6　先用水沾濕烤模，接著將5倒入烤模裡。置於冰箱冷藏室冷卻凝固（2個小時左右）。

7　將烤模浸一下滾燙的熱水（浸一下立刻拿起來），然後倒扣在事先冰鎮過的器皿上。

8　取切片草莓裝飾於四周，並滴上過篩的草莓醬汁、擺上薔薇花瓣。

＊如果想製作一個較大型的奶凍，為了維持形狀，必須增加一些明膠。但這會讓口感變硬，味道也會跟著變淡，因此砂糖使用量也必須增加一些。如果不打算倒扣在器皿上，要直接舀取食用時，明膠用量則可以減少一些。

Œuf à la neige au coulis de kiwi

泡雪奇異果汁

「Œuf à la neige」（泡雪）原是一種蛋白霜漂浮
在安格列斯醬上的法國甜點。但在這裡，我們試著
讓蛋白霜漂浮在帶有微酸微甜的爽口奇異果汁上。

材料（2人份）

蛋白霜
| 蛋白　1顆分量（35g）
| 精白砂糖　1又2/3大匙（20g）
| 萊姆汁　比1/2小匙多一些（3g）
| 萊姆皮（刨成屑）　少許

水煮汁液
| 水　180㎖
| 牛奶　120㎖

奇異果汁
| 奇異果　2顆

製作方法

◇蛋白霜

1　打發蛋白，約7～8分發的程度後加入少
　　量砂糖，打發至硬性發泡，可拉出尖角
　　時，將剩餘的砂糖如落雨般撒下再繼續
　　打發。慢慢加入萊姆汁和刨屑果皮，攪
　　拌均勻。
2　小鍋裡倒入水和牛奶，加熱至將近沸騰。
　　＊不要煮沸。
3　用小茶匙將蛋白霜塑造成橢圓形（參考
　　P87），置於2裡面。不煮沸狀態下煮個
　　2～3分鐘。＊不需要翻攪。
4　取出後放涼。放進冰箱冷藏室裡冰鎮。

◇奇異果汁

1　用食物調理機將奇異果打成汁，或者壓
　　碎後用濾網過篩。接著用茶葉濾網再過
　　篩一次。
2　試味道，必要時添加精白砂糖（2小匙左
　　右）。
3　放進冰箱冷藏室冰鎮後倒入玻璃杯中，
　　擺上一球蛋白霜漂浮在奇異果汁上。

Bananes rôties

烤香蕉

黑不溜丟的香蕉既香甜又充滿香料的辛香味，再搭配焦糖醬，真的相當濃郁夠味。熟透的香蕉經低溫長時間烘烤，甜度會更高。香料方面，大家可依個人喜好選用。

材料（2人份）

香蕉　2根
香料（丁香、肉桂棒、香草莢、八角等）　適量
核桃　4粒

焦糖醬

精白砂糖　3又1/3大匙（40g）
水　1大匙
鮮奶油（乳脂肪含量47%）　80ml

製作方法

1 製作焦糖醬。鍋裡倒入水和砂糖，加熱至牛奶糖般的金黃色後熄火，立刻加入鮮奶油攪拌。放涼。＊以牛奶調整黏稠度。

2 將核桃放進預熱150℃的烤箱裡烘烤12分鐘左右。放涼後切碎。

3 將香料直接插進香蕉皮上。放進預熱120℃的烤箱裡烤20～25分鐘（熟透的香蕉，以170℃烤15分鐘）。

4 切開熱呼呼的香蕉後盛盤，淋上焦糖醬，撒上核桃。

Ananas rôti au miel de lavande

蜂蜜烤鳳梨
佐香草冰淇淋

烘烤後的溫熱鳳梨，既酸甜又充滿香料的香氣，是一種屬於成人的味道。再加上具有獨特香味的薰衣草蜂蜜，更加令人垂涎三尺。

材料（6人份）

鳳梨　小1顆
奶油　20g
精白砂糖　50g
薰衣草蜂蜜　50g
丁香　6個

香草莢　1/3枝
肉桂棒　1/2根
八角　3片
香草冰淇淋　適量

製作方法

1 整顆鳳梨削皮（a）。斜切螺旋紋並削掉較硬的部位（b）。將丁香刺進果肉裡。

a

2 平底鍋加熱奶油，倒入砂糖和蜂蜜煮到有些焦。

3 取一只耐熱且有深度的器皿，將鳳梨、香草、肉桂、八角置於其中。然後將2的焦糖淋在鳳梨上（c），並放進預熱160℃的烤箱裡。

b

4 每10分鐘澆淋1次焦糖，共烘烤1個小時左右。最後20分鐘時，視整體情況將溫度提高至170～180℃，讓焦糖顏色更濃郁。

5 切開鳳梨，拿掉鳳梨芯，盛裝於器皿上。淋上焦糖，並將香草冰淇淋裝飾在熱呼呼的鳳梨旁。

c

Crumble aux fruits rouges, glace à la vanille

紅色水果奶酥佐香草冰淇淋

可以同時享受冰火雙重口感的甜點。奶酥的優點是只要事先冷凍起來，隨時都可以使用。適合搭配櫻桃、香蕉、芒果、鳳梨、西洋梨、蘋果等四季水果，一整年都品嚐得到這種好滋味。

材料（4～5人份）

紅色水果（草莓、樹莓、
　藍莓等）　適量

奶酥
　麵粉　5大匙（45g）
　奶油　30g
　紅糖　2又1/2大匙（20g）
　肉桂粉　1/4小匙（0.5g）
　杏仁碎粒　1/2大匙

香草冰淇淋
　牛奶　250ml
　鮮奶油（乳脂肪含量47%）
　　100ml
　蛋黃　3顆分量
　精白砂糖　5大匙（60g）
　香草莢　1/2枝

製作方法

◇奶酥

1　奶油切小塊，與其他材料一起放入調理碗裡，讓奶油確實恢復常溫。

2　用手指壓碎材料，讓整體呈肉鬆狀。 ＊不要壓碎得太過細小。攪拌至不留乾粉就好。

3　置於冰箱冷藏室裡凝固。 ＊直接放進冷凍庫裡也可以。

4　將水果置於有深度的器皿裡，撒上奶酥。

5　放進預熱220℃的烤箱裡烤15分鐘，烤到奶酥有些焦黑就好。

6　舀一球冰淇淋，立刻就可以享用。

◇冰淇淋

1
鍋裡放入牛奶、鮮奶油、一半的砂糖、香草籽與香草莢，以小火加熱，注意不要讓鍋內食材沸騰。

2
取一只調理碗，放入蛋黃和剩餘的砂糖拌勻。倒入1/3量的1到調理碗裡，充分攪拌均勻。

3
將1自火爐上移開，將2的蛋黃倒回1的鍋裡，攪拌均勻。

4
將鍋子放回火爐上加熱，用木製攪拌匙攪拌至糊狀（85℃左右）。觸碰攪拌匙確認，會留下手指痕跡就可以了。

5
用過濾網過篩至調理碗裡。

6
置於冰水裡隔水冷卻，用橡皮刮刀攪拌至溫度下降為止。放進冰箱冷凍庫裡結凍，然後再用冰淇淋機打成冰淇淋。

◇塑造成橢圓形的方法

1
用一支沾過熱水的湯匙，舀取適當分量並沿著調理碗邊緣的弧度塑造成橢圓形。

2
準備另一支湯匙，透過將冰淇淋左右換邊的方式調整橢圓形。

3
擺在調理盤或器皿上，置於冰箱冷凍庫裡備用。

◇使用食物調理機的方法

＊除冬季外，盡可能將食物調理機的容器也一起置於冷凍庫裡冰鎮。

1
將左6的原料倒入調理盤裡，放進冰箱冷凍庫。凝固前用叉子搗碎，重覆數次同樣的動作。

2
將1倒入食物調理機裡慢速攪拌。攪拌後倒回調理盤裡，放進冰箱冷凍庫再次結凍，然後再次以食物調理機攪拌，攪拌至差不多的軟硬度即可。

＊紅色水果（fruit rouge）是紅色、黑色的水果總稱。除左頁使用的水果外，櫻桃、黑莓、黑醋栗、紅醋栗、蔓越莓等黑色的水果也都屬於「紅色水果」。
＊使用食物調理機製作冰淇淋時，凝固、攪拌的步驟1和步驟2，只做1次當然也可以，但重覆數次的話，冰淇淋會更為綿密。

這道名為「椰子山丘」的甜點還有另外一個別名，叫做「Congolais」（剛果人）。在當地市集上還看得到大四角錐形與圓錐形等各種形狀，但在這裡，我們將椰子山丘做成迷你四角錐形。

Rochers à la noix de coco
椰子山丘

材料（迷你尺寸15個分量）

蛋白　1顆分量（35 g）
精白砂糖　70 g
椰子細粉　85 g
香草籽　少許

＊成型時輕輕捏緊，香氣與口感會更好。若烤完當天立即食用完畢的話，建議烤到中心部位還有些鬆軟的程度就好。

製作方法

1　將蛋白與砂糖倒入調理碗裡。邊隔水加熱，邊輕輕攪拌，加熱至45℃左右就好。＊不要攪拌至發泡。

2　將調理碗自熱水中拿出來，加入椰子粉和香草混合拌勻。

3　用橡皮刮刀攪拌2～3分鐘，直到溫度降至常溫。

4　用湯匙取適當分量置於烤盤上，再以手指沾水後微調成四角錐形。

5　放進預熱180℃的烤箱裡烤9～10分鐘。

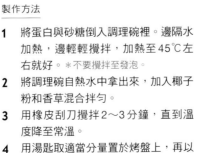

Gâteau au yaourt

法式優格蛋糕

法式優格蛋糕是許多法國小朋
友的第一堂烘焙課。香甜又樸
實的美味令人瘋狂。大家可以
依個人喜好添加樹莓果醬！

材料（直徑16cm的瑪格麗特烤模1個
的分量）

原味優格　120 g
精白砂糖　130 g
蛋　100 g
麵粉　80 g
玉米粉　20 g
太白胡麻油　2大匙
　　＊其他植物油也可以。
檸檬皮（刨屑）　1/4顆分量

製作方法

1　烤模裡塗抹奶油（分量外）。優格恢復常溫備用。

2　麵粉與玉米粉拌在一起，撒在優格上。

3　將一半的砂糖加進優格裡拌勻。接著加入胡麻油、
　　刨屑檸檬皮，同樣攪拌均勻。

4　取一只較大的調理碗，倒入蛋和剩餘的砂糖，邊隔
　　水加熱邊攪拌，加熱至人體皮膚的溫度。使用攪拌
　　器打發至蛋糊會緩緩落下的程度。

5　取一半分量的2加進裝有3優格的調理碗裡混合拌
　　勻。

6　將剩餘的麵粉加進4打發的蛋糊裡，以橡皮刮刀混
　　合拌勻。

7　取1/4分量的6蛋糊加進5的優格裡拌勻，再將拌
　　勻的材料倒回6的蛋糊裡，同樣攪拌均勻。

8　將7倒入烤模裡，放進預熱180℃的烤箱裡烤30分
　　鐘。

＊可挑選帶有酸味的優格。
＊太白胡麻油沒有味道和氣味，不會干擾優格的味道。

樹莓果醬製作方法

鍋裡放進100 g的樹莓（冷凍樹莓也可以）與40 g的精
白砂糖，煮到黏稠狀就完成了。

Flan à la pomme au caramel

法式蘋果焦糖布丁

「Flan」指的是一種將雞蛋、牛奶等材料製作的麵糊注入排滿水果的烤皿中烘烤出來的美味甜點。除了蘋果之外，西洋梨和焦糖的組合也美味得令人停不下口。

材料（2人份）

蘋果（太陽富士） 1顆
奶油　適量
橙皮　10g
葡萄乾　10g
糖粉　適量

焦糖醬

精白砂糖　3又3/4大匙（45g）
水　1大匙（15㎖）
鮮奶油（乳脂肪含量47%）
　　5大匙（75㎖）

布丁麵糊

蛋　3/4個（45g）
精白砂糖　1又1/4大匙
　（15g）
牛奶　4大匙（60㎖）
麵粉　比1大匙多一些
　（10g）
肉桂粉　3撮

製作方法

1　蘋果削皮去核切瓣，切成8等份。平底鍋加熱奶油，將蘋果煎至些微上色（a）。接著將煎好的蘋果排在事先塗好奶油的耐熱容器裡。

2　製作焦糖醬。砂糖與水放進小鍋裡加熱，熬煮至焦糖色。焦糖顏色夠濃郁時就熄火，立刻加入鮮奶油，仔細攪拌均勻。由於糖液容易沉積在鍋底，攪拌時務必要拌到底部（b、c、d）。

3　製作布丁麵糊。蛋倒入調理碗裡打散，加入砂糖後稍微打發。接著加入牛奶、過篩的麵粉和肉桂粉。

4　加入些許已放涼的焦糖醬混合拌勻。

5　用過濾網將麵糊過篩至蘋果上。撒上橙皮和葡萄乾。

6　放進預熱170℃的烤箱裡烤20分鐘左右。撒上糖粉，趁熱享用。

＊如果使用美國紅龍蘋果這種果肉較軟的蘋果，無須煎過即可直接使用。西洋梨也是直接使用。

Gâteau au chocolat

法式巧克力蛋糕

屬於大人口味的法式巧克力蛋糕，
配上一杯清爽薄荷茶。一起來享用
吧。

材料（直徑15cm咕咕洛夫「Kouglof」烤模1個的分量）

黑巧克力　75g
鮮奶油（乳脂肪含量47%）　50㎖
奶油　75g
精白砂糖　90g
蛋白　2顆分量（70g）
蛋黃　2顆分量（40g）
麵粉　50g
可可粉　20g

＊開始製作之前，奶油務必事先軟化備用。放在隔水加熱的器具旁邊，可加速軟化。
＊這裡使用的是70%可可含量的黑巧克力。

新鮮薄荷茶的製作方法

取一撮薄荷放進水壺裡，注入熱水。約2～3分鐘就完成了。使用新鮮薄荷會有一種乾燥薄荷所沒有清新感。

製作方法

1 將奶油（分量外）塗抹在烤模內側。麵粉與可可粉混合拌勻並過篩備用。

2 巧克力隔水加熱融化。加入鮮奶油混合拌勻，讓溫度維持在30～40℃（冬季）。

3 奶油軟化至軟膏狀，加入2/3分量的砂糖，混合攪拌至偏白。

4 取另外一只調理碗，將蛋白打發至7～8分發的程度，從剩餘的砂糖中取少量加進去。繼續打發至硬性發泡，可拉出尖角後，將剩餘的砂糖如落雨般撒下再繼續打發，如此一來就能變成有一定硬度的蛋白霜。

5 將2的巧克力全部倒入3的奶油中，用攪拌器攪拌均勻。加入蛋黃混合拌勻。接著再將已拌勻的麵粉和可可粉也加進去攪拌。

6 取1/3分量的4蛋白霜放進5的調理碗裡混合拌勻，然後再放回4的蛋白霜裡，用橡皮刮刀切拌一下就好。

7 取一半分量倒入烤模裡，將烤模在平台上輕敲幾下，接著再倒入另外一半。放進預熱160～170℃的烤箱裡烤25分鐘。

Crème caramel au thé earl grey
伯爵茶風味焦糖烤布丁

法式焦糖烤布丁是一種具有紮實口感的經典布丁，稍微做得大一些，可以讓大家一起享用。這種布丁所使用的材料是牛奶（不是鮮奶油），置於冰箱冷藏室一晚，風味尤佳。

材料（長型陶罐（460㎖）1個的分量）

牛奶　250㎖
格雷伯爵茶茶葉　6g
水　2大匙（30㎖）
蛋　100g
蛋黃　1顆（20g）
精白砂糖　75g
香草莢　1/4枝

焦糖醬
　精白砂糖75g＋水1又1/3大匙
水　2又1/3大匙

製作方法

1 製作焦糖醬。將精白砂糖與1又1/3大匙的水放入鍋裡，以小火熬煮。呈焦糖色後熄火。將2又1/3大匙的水分數次加進去（小心糖液飛濺），然後立刻倒入陶罐模型裡。放涼後置於冰箱冷藏室裡冰鎮。

2 水煮沸後加入2大匙的格雷伯爵茶茶葉，蓋上鍋蓋。

3 取另外一只鍋子，倒入牛奶、2的茶葉、一半的砂糖、香草莢，以小火加熱。小滾後立即熄火。

4 將全蛋、蛋黃、剩餘的砂糖倒入調理碗裡混合拌勻，再將3的牛奶等緩緩倒進去。

5 用過濾網將4過篩至陶罐模型裡，隔水加熱（熱水至少要到陶罐的一半高）。

6 放進預熱150～160℃的烤箱裡烤1個小時左右。以竹籤試著刺一下，若沒有沾黏在竹籤上就完成了。

7 置於冰箱冷藏室裡冰鎮一晚。用窄刃的刀子從布丁側邊輕刮一圈，就可以輕鬆倒扣在器皿上。

＊這道食譜是設定為靜置一晚後食用。若要當天食用，請改用120g全蛋，做出來的軟硬度會與靜置一晚後的狀態很接近。

Compote de poires aux épices

香料糖漬西洋梨

進入熟成季節，宛如在「現在正是品嘗的時候」的那一天將美味凝聚的燉煮西洋梨，那種無上的香氣、入口即化的口感和甘美實在令人難以形容。從秋天來訪到冬季來臨，糖漬西洋梨總三不五時出現在我們家餐桌上。

材料（2人份）

西洋梨（小）　2個
檸檬　1/4個
水　300㎖
精白砂糖　150 g
香草莢　1/4枝
八角　1個
肉桂棒　1枝

巧克力醬
　黑巧克力　40 g
　牛奶　50㎖

製作方法

1　將水、砂糖、香草莢、八角、肉桂棒放入鍋裡，以小火加熱。沸騰後熄火，蓋上鍋蓋靜置一段時間（為了增加香氣）。

2　西洋梨洗淨削皮，保留上面的蒂頭。以窄刃的刀子從底部去核。泡在檸檬汁裡以防止變黑。

3　掀開1的鍋蓋，再度加熱至沸騰。將2的西洋梨和檸檬一起浸泡在裡面。再次沸騰後，讓所有食材浸泡在糖漿裡，以小火續煮3分鐘左右。糖漿無法完全蓋過食材時，可單面煮完再翻面續煮。

4　熄火。食材繼續浸泡在糖漿裡，靜置一旁放涼。糖漿無法蓋過食材時，記得不時翻面一下。
　　＊避免西洋梨暴露於空氣中（防止變黑褐色）。最初的5～10分鐘尤其重要。

5　恢復至常溫後，置於冰箱冷藏室裡冰鎮。

◇淋上巧克力醬

1　巧克力切碎，隔水加熱融化。

2　將隔水加熱的牛奶分4～5次加進去，以攪拌器拌勻，讓牛奶和巧克力順利乳化。
　　＊硬度會因巧克力中的可可含量與當時氣溫而異。太硬時，請用少量牛奶加以調整。

3　西洋梨成盤，從西洋梨的蒂頭上澆淋巧克力醬。

Aumônière à la glace chocolat

巧克力冰淇淋花苞可麗餅

「Aumônière」原本指的是過去修道士繫於腰間的小物袋。用可麗餅餅皮包起餡料,再綁成像小物袋的料理或甜點,就被稱為「Aumônière」。

材料(6人份)

可麗餅麵糊
麵粉　100g
蛋　1顆(55g)
精白砂糖　2大匙(25g)
鹽　1撮
牛奶　220㎖
融化的奶油　20g
香草莢(使用過的乾燥香草莢)　1枝
＊沒有的話,以Pocky餅乾棒取代。

巧克力冰淇淋
牛奶　300㎖
蛋黃　3顆
精白砂糖　4又1/2大匙(55g)
黑巧克力　35g
可可粉　3又1/3大匙(20g)

淋醬(6人份)
冰淇淋原液(參考P87,以1/2的分量製作)
巧克力醬
巧克力40g+牛奶50㎖

製作方法

◇可麗餅
1　麵粉過篩至調理碗裡,中間挖一個凹槽。凹槽裡倒入砂糖和鹽巴,接著是打散的蛋液。
2　用攪拌器從蛋液開始混合攪拌,接著連同四周圍的麵粉一起攪拌均勻。
3　邊攪拌,邊將牛奶以細線狀般慢慢倒入。
4　拌入融化的奶油,置於常溫下1個小時。
　　＊冬天時為避免奶油凝固,請將奶油置於溫熱的地方。
5　平底鍋裡塗抹奶油,將4過篩至平底鍋裡,煎成薄片狀。

◇巧克力冰淇淋
1　巧克力切細碎,和牛奶、可可粉、一半的砂糖一起倒入鍋裡,以小火加熱。
2　接下來的步驟同P87冰淇淋的製作方式(步驟2以後)。

◇巧克力醬
1　巧克力隔水加熱融化。將隔水加熱的牛奶,分4~5次加進去,以攪拌器拌勻。
2　順利乳化後,置於冰箱冷藏室裡冷卻。
　　＊沒有順利乳化的話,巧克力醬繪製的圖案容易暈開。

◇組裝
1　將安格列斯醬(冰淇淋原液)平鋪在器皿底部。
2　當巧克力醬的硬度同安格列斯醬時,用湯匙取少量巧克力醬,一點一點淋在安格列斯醬上,然後用竹籤在巧克力醬上拉一條直線畫出圖案(a)。 ＊巧克力醬太硬時,用牛奶加以調整。
3　取可麗餅餅皮將冰淇淋包起來,先用筷子穿過餅皮挖洞,然後再以香草莢穿過洞孔固定可麗餅。處理好後,將可麗餅置於安格列斯醬上。
4　於器皿邊緣撒上一些可可粉(分量外)。

＊巧克力醬的硬度會因巧克力中的可可含量與當時氣溫而異。這裡使用的是可可含量56%的巧克力。

a

Mayonnaise

美乃滋

材料（容易製作的分量）

蛋黃　1顆
法式第戎芥末醬　1大匙
鹽、胡椒　各適量
葡萄酒醋　1/2小匙
橄欖油（Pure）　150㎖

製作方法

1 調理碗裡放入蛋黃、芥末醬、鹽巴、胡椒、葡萄酒醋，充分攪拌均勻（a）。

2 慢慢加油使其均勻乳化。先加1大匙，用攪拌器攪拌均勻，重覆幾次同樣的步驟。約使用總油量的1/3左右，也就是50㎖左右。

3 開始變膨鬆時（開始感覺攪拌器有點變重時），將油以細線狀般倒進去，同樣攪拌均勻（b）。

4 以鹽巴、胡椒、葡萄酒醋、芥末醬（皆分量外）調味。

＊為避免油水分離，所有材料必須先恢復常溫。

＊步驟1中加入太多葡萄酒醋的話，無化順利均勻乳化。但順利乳化後，在步驟4中加入大量葡萄酒醋也不會造成油水分離。

＊在步驟3中若能確實依照指示一次加入橄欖油，就能夠成功完成軟綿綿的美乃滋。反之，將橄欖油分太多次加進去，過度攪拌的話，美乃滋會變硬。

＊將一半的橄欖油改成 Extra Virgin 級的話，香氣更加高雅。但須特別注意一點，有些品牌的橄欖油可能會使美乃滋帶苦味。

Vinaigrette

油醋醬

材料（200㎖）

白葡萄酒醋（紅葡萄酒醋）　50㎖
鹽、胡椒　各適量
橄欖油　150㎖
＊想添加芥末醬的話，請加入2大匙法式第戎芥末醬。

製作方法

1 調理碗裡加入葡萄酒醋、鹽、胡椒（依個人喜好添加芥末醬），用攪拌器確實攪拌均勻。

2 以細線狀般慢慢加入橄欖油，攪拌均勻使其乳化。

＊可裝入附有瓶蓋的瓶罐裡，置於冰箱冷藏室裡保存。建議使用原本是裝蜂蜜的塑膠容器。搖晃一下即能立即使用。若裝得太滿，搖晃時可能會溢出，建議只裝到瓶身的一半就好。冬天時橄欖油可能會凝固，只需要先置於常溫下，就能恢復原狀。

＊油醋醬有多種變化，可改用芥末籽醬，或者將一半分量的橄欖油改成 Extra Virgin 級等等。另外也可以自行添加碎切的紅蔥頭、洋蔥、香草植物，有助於提升香氣與美味。加入少許大蒜泥也可以。

＊改用雪莉酒醋的話，味道會有種能夠比擬一流餐廳的高級感。

Fond de volaille blanc
雞高湯

材料（約1ℓ的分量）

雞骨　3隻雞的分量（約1kg）
紅蘿蔔　1/2根（100g）
洋蔥　1/4顆（50g）＋丁香1個
大蒜　2瓣
芹菜　1株
水　2ℓ
法國香草束※　1束
白胡椒（顆粒）　10粒

※法國香草束

原本應該是先用韭蔥的莖將百
里香、月桂葉、香芹的莖包起
來，然後再以棉線綑綁，但沒
有韭蔥莖的話，請用紗布包起
來。

製作方法

1　先將雞骨浸泡在水裡一段時間。用蓋過
　　所有雞骨的水煮至沸騰（a）。

2　取出雞骨，用手將雞骨扒成適當大小
　　（b）。

3　將雞骨清洗乾淨，確實清除脂肪、內
　　臟、血管。＊留下雞皮。

4　將雞骨、規定分量的水、調味蔬菜、香
　　草束、白胡椒（顆粒）放進鍋裡，加熱
　　至沸騰。撈掉浮末，以小火熬煮3個小
　　時左右（c）。

　　＊大滾易使湯底變混濁，需特別留意。

　　＊抓起雞脖子輕輕搖晃，要煮到一搖晃，雞骨
　　　就會脫落的程度（d）。

5　使用濾網過篩（不要用力壓擠）。

6　將裝有高湯的調理碗置於另外一個裝水
　　的盆子裡，加速降溫的速度（隔水降
　　溫）。

7　鋪一張保鮮膜在高湯上，置於冰箱冷藏
　　室一晚（e）。

8　撕開保鮮膜（連同油脂一起拿掉），分成
　　數袋，冷凍保存。

　　＊1kg的雞骨大概可以煮出1ℓ的雞高湯，
　　　請買足所需分量的雞骨。

　　＊正統作法是將雞骨剁碎後再汆燙，但一
　　　般家庭要揮刀剁雞並非容易之事，因此
　　　這裡介紹的是先汆燙後再以手扒開的簡
　　　易方法。用這種方法能夠快速取出內臟
　　　和血管，同時還有助於減少熬煮時產生
　　　浮末。

a

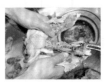
b

c

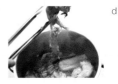
d

e

• 結語 •

由衷感謝陪同我一起前往巴黎的攝影師宮田昌彥先生，因為有他，才能以美麗的照片為這本書留下製作料理
時的幸福瞬間。還有對我既然溫柔又嚴厲，以堅定的信念帶領我的編輯松成容子小姐、美編設計師吉野晶子
小姐、旭屋出版社的工作人員，真的非常感謝大家。最後，感謝前往 Atelier [igrek] 烹飪教室的各位，因為有
你們才有這本書的誕生。誠心誠意致上我十二萬分的感謝！

塚本 有紀

PROFILE

塚本 有紀

生於橫濱，長於滋賀，京都外國語大學英美語學科畢業。1995年遠赴法國巴黎藍帶廚藝學校，學習法國料理、製菓及外燴服務。2000年5月於大阪開設法國料理‧製菓教室「Atelier [igrek]」。以「希望讓大家都能享受完成料理的成就感」的這份心情作為教學宗旨，給予學生細心的指導。除此之外，也陸續開發讓麥類過敏的人也可以食用的米粉類甜點並開辦相關烹飪課程。著有《パリ食いしんぼう留学記》（晶文社）、《ビゴさんのフランスパン物語》（晶文社）等。
http://www.yukitsukamoto.com

攝影師檔案

宮田昌彥

1963年生於大阪，畢業於大阪藝術大學藝術學部攝影學科。現為m2photo股份有限公司的董事長。同時身兼大阪藝術大學設計學科及Nikon Imaging Japan股份有限公司的講師。著有《儀-岸和田旧市だんじり祭》（遊タイム出版）、《刻字書の世界》（せせらぎ出版）等。
http://www.m2photo.net

TITLE

我家餐桌的法國料理

STAFF

出版	瑞昇文化事業股份有限公司
作者	塚本 有紀
譯者	龔亭芬

總編輯	郭湘齡
責任編輯	徐承義
文字編輯	黃美玉　蔣詩綺
美術編輯	陳靜治
排版	執筆者設計工作室
製版	大亞彩色印刷製版股份有限公司
印刷	桂林彩色印刷股份有限公司

法律顧問　經兆國際法律事務所　黃沛聲律師

戶名	瑞昇文化事業股份有限公司
劃撥帳號	19598343
地址	新北市中和區景平路464巷2弄1-4號
電話	(02)2945-3191
傳真	(02)2945-3190
網址	www.rising-books.com.tw
Mail	deepblue@rising-books.com.tw

初版日期	2017年11月
定價	320元

special thanks to
　原　重夫‧洋子
　Patrick Terrien
　Yann Kalliatakis
　久我 圭子（料理アシスタント）

食器協力
エロージュ・ドゥ・ラ・サンプリシテ　Tel.075-708-6879
ビレロイ&ボッホ 六本木ヒルズ店　Tel.03-5775-6620

野菜協力
農家民宿おかだ　Tel.0795-82-5058

國家圖書館出版品預行編目資料

我家餐桌的法國料理 / 塚本有紀著；
龔亭芬譯. -- 初版. -- 新北市：
瑞昇文化, 2017.10
　96面；　19 x 25.7公分
ISBN 978-986-401-196-4(平裝)

1.烹飪 2.食譜 3.法國

427.12　　　　　　　　　106014943